U0005415

汽車的構造與機械原理【暢銷修訂版】

汽車玩家該懂，新手更應該知道的機械原理

青山元男 ◎著

黃郁婷 ◎譯

晨星出版

作者序

　　近年來，日本年輕人擁有汽車駕照的比例很低，低到汽車業者不禁以「考張汽車駕照吧！」作為廣告宣傳主語，鼓勵年輕族群們能夠開車上路。其實在多年以前，大多數的年輕人會把開車兜風當作是娛樂活動，也是約會的必備條件之一，甚至還發展出「沒車沒人愛」這樣一句流行語。只不過，現今車子以外的樂子多到不勝枚舉。

　　特別是對於原本就居住在都會區的居民而言，平常可以使用便利的公共交通系統，少了汽車也不會對生活造成多大的不便。電腦與智慧型手機的普及，待在原地即可享受各式各樣的娛樂，也降低了對移動的需求。更重要的是，保養汽車可是要花錢的呢！

　　另一方面，隨著年輕族群遠離汽車（不買車、不開車），汽車的實用性愈來愈受到重視。特別是需要帶著小孩移動的家庭族群。因此，「汽車是便利的交通工具」成了當時使用汽車的主流思維。汽車業者期盼著能夠製造出可以大賣的車子，於是紛紛推出強調便利性能的車款。反倒是著重在駕駛樂趣的車款，由於不受消費者青睞，逐漸地從車市中消失。

　　幾年下來，在少子、高齡化，進而人口減少的現實衝擊之下，汽車業者開始感到不安，不禁懷疑起「現在這群不開車的年輕人，在建立家庭之後還會有開車的意願嗎？」於是乎，電視上就出現了前述鼓勵年輕人考取駕照的廣告，試圖趁早讓年輕人體認到駕車的樂趣，並且重新催生出著重在駕駛樂趣的性能車款。姑且不論年輕人是否願意買單，著重駕駛樂趣的性款車款在重回車市以後，確實締造出銷售佳績。

　　由此可見，這個時代還是有愛車族的存在！只是這些車主考量到家庭實用的因素，才改而選購實用車款。儘管愛車族僅占全體車主的一小部分，卻是最瘋狂熱愛汽車的族群。而正在閱讀本書的您，應該就是其中一人吧？

　　為了滿足愛車族的求知欲，本書特地從基礎中的基礎開始，解說汽車的構造與機械原理。雖然市面上已經有不少藉由各種手法進行解說的汽車書籍，但

本書將更進一步，從Why與How，由原理開始為各位讀者做更加完整的說明。

　　本書由「為什麼車輪轉動汽車就行進？」「為什麼燃燒燃料就能產生力量」等話題展開。或許各位讀者認為這些現象都是理所當然的事，但是唯有先了解基本的汽車運作原理之後，才能夠理解更高深的汽車機械構造原理。舉例來說，有了「車輪減速才能使汽車減速」這樣的基礎認識以後，才能夠輕鬆理解何謂「ABS的作動機制」。

　　此外，為了能夠幫助讀者理解汽車運作的各種現象，本書會加入物理學理論進行說明。不過請各位讀者放心，本書所引用的物理學理論頂多是國中程度而已，不會太難。而且，為了體貼文科背景出身的讀者能夠輕鬆閱讀，也不會用到數理算式。

　　汽車工業技術不斷地推陳出新。每每有新技術問世，汽車業者必定積極宣傳新技術表現出來的性能。至於背後的機械構造或原理，相關資訊通常是少之又少。「成功打造出來的性能」確實很重要，但是「如何才能實現這樣的性能」，想必也有車友想要知道。

　　無奈的是，假如要單以一本書收錄最新汽車科技的話，一定會有說明不足的情況發生，進而導致讀者消化不良的後遺症。有鑑於此，很遺憾地本書不得不有所取捨。（假如本書廣受大眾喜愛，筆者或許就有機會再為各位說明最新汽車高科技呢！）不過別氣餒，只要對於汽車的各項構造或運作原理，有基礎上的理解，即使在面對資訊不多的最新汽車高科技，也能夠進而想像它的構造或原理。

　　總之，希望各位讀者能夠先從閱讀這本書開始。內容一點也不難，應該能夠一讀就通，也希望能在本書的說明引導之下，對於愛車的大小事都能夠有更深一層的認識。

青山元男

目次
CONTENTS

第6章　使汽車停止行進與轉向的機械原理

第7章　車輪與懸吊系統的機械原理

第8章 電動車與油電混合車

序章

寫在了解
汽車機械原理之前

序章 行進、停止、轉向
——滿足汽車機能的三大要素
~驅動、制動、操舵~

　　汽車是什麼東西呢？這個問題可以從各個面向做說明。從人類的需求，也就是汽車的功用來說，汽車是載運人類或貨物到目的地的交通工具。基於這項任務，汽車必須具備的機能有：行進、停止與轉向。換從人類操作面來說就是：可以行進、可以停止、可以轉彎。

　　汽車一定要具備行進能力才能移動到目的地，這是很明白的道理。為了成為便利的交通工具，汽車不只要具備前進能力，還必須具備後退能力。在某些場合，汽車甚至得具備高速行駛能力。如此命令汽車行進就稱為「驅動」。

　　任何可以快速行駛的汽車，假如不能按照駕駛人的心意減速或停止的話，駕駛人恐怕難以放心地加速。所以汽車也需要具備停止的能力才行。命令汽車停止稱為「制動」，也就是抑制行動的意思。

　　只會直線前進的汽車，想當然耳，能夠抵達目的地的可能性極低。所以汽車也必須具備按照駕駛人的心意順利轉彎的能力，如此才能沿著道路行駛。命令汽車轉變方向稱為「操舵」。操舵一詞原本是指藉由操作舵盤來決定船的行進方向的意思，後來也廣泛應用到船以外的交通工具上。

　　綜合以上所述，汽車，就是實現了各種能夠滿足驅動、制動、操舵等三大功能需求裝置的集合體。

■ 圖 1　汽車必須具備的三大機能

驅動（行進能力）

若是不能行進，汽車就不能移動。汽車行進
時，除了必須發揮一定的速度以外，同時也
必須具備後退的能力。

制動（停止能力）

可以停止才能使駕駛人安
心加速。制動裝置使汽車
得以停止在目的地。

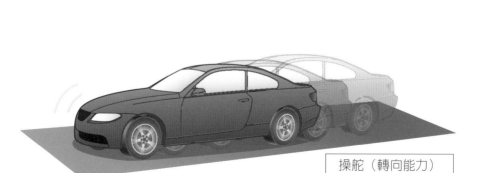

操舵（轉向能力）

只能直線前進恐怕沒有辦法到達目的
地。可以轉彎才能沿著道路行進。

第 1 章

汽車行進的原理

因為輪胎與路面會產生摩擦，所以汽車得以行進

～摩擦力與驅動力～

　　汽車是藉由引擎等機械裝置產生動力帶動輪胎迴轉，才驅動車體行進的。為什麼輪胎迴轉就能驅動汽車行進呢？因為是輪胎與路面產生「摩擦」的關係。

　　說到摩擦，就好比我們說人際關係發生摩擦是壞事那樣，摩擦這個詞通常用在負面情況。在汽車方面，摩擦的確會造成各種損耗，儘管如此，想要讓汽車行進，沒有摩擦還不行哩！

　　在冰凍的湖面上，配裝普通輪胎的汽車可是想走也走不了。因為輪胎會空轉。而輪胎空轉的原因則是冰面太光滑，冰面與輪胎之間幾乎無法產生摩擦。冰面與輪胎之間只要缺乏摩擦就無法產生力量，也就是產生所謂的「驅動力」來驅動汽車。反觀一般的鋪裝路面，由於路面不像冰面那樣滑溜，路面與輪胎之間也存在著適度的摩擦，所以可以發揮驅動的力量。

　　那麼，摩擦又是如何產生驅動力的呢？這個可以藉由運動定律之一的「作用力與反作用力定律」來說明。它的定義是：當物體 A 對物體 B 施加力量時，物體 B 也會產生力量反施加於物體 A，而且兩力量的大小相等，方向相反。舉例來說，人用兩手掌推向牆壁，牆壁也會以相同的力量反向回推手掌。在牆壁和人的身體都是靜止不動的狀態下，各位或許不太容易理解牆壁的回推力。那麼請各位想像推牆者穿著溜冰鞋後再試想一次吧！如此一來，推牆者的身體是不是會往推向牆壁的反方向移動呢？！造成推牆者移動的力量就是牆壁反作用在人體的力量。我們稱反作用所產生的力量為「反作用力」。以汽車行進的情況來說，輪胎把地面往後推擠時，產生摩擦力後所形成的反作用力，就是驅使汽車前進的驅動力。

■ 圖1　沒有摩擦力，汽車就無法行進

在冰面那樣不容易產生摩擦（＝容易打滑）的地方，車輪即使轉動也只能空轉，無法驅動汽車行進。

冰面容易打滑的原因在於水

我們說冰塊滑滑的，實際上，冰塊本身並非易滑材質。嚴格來說，是冰面發生摩擦，摩擦熱使冰融化成水，水介在輪胎與冰塊之間阻礙摩擦，才使汽車打滑的。

■ 圖2　作用力與反作用力

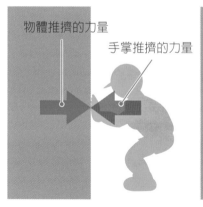

物體推擠的力量
手掌推擠的力量

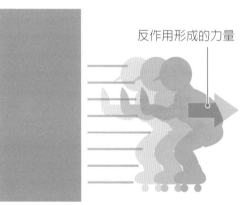

反作用形成的力量

用手掌推擠牆壁，牆壁就會回推手掌。這之間的確存在著作用力與反作用力的關係，只是推擠牆壁的人難以察覺罷了。

穿著溜冰鞋推擠牆壁，結果身體往後滑動。造成身體向後滑的力量就是推牆壁的反作用力。

一旦超過摩擦力的極限，
將無法驅動汽車
~摩擦力的極限~

　　一般鋪裝道路的設計在於讓輪胎與路面之間能夠產生適度的摩擦，借助摩擦力發揮驅動力。在汽車領域，習慣將此摩擦力稱為「輪胎的抓地力」。

　　但是，並非所有鋪裝路面都能夠發揮驅動力。摩擦力也有極限。當駕駛以大於摩擦力極限值的力量迴轉車輪時，車輪將會無法摩擦路面，進而形成空轉，這就是所謂的「打滑」。一般汽車鮮少發生車輪打滑的現象。倒是在賽車起步時，由於車輪往往承受過大的力量，經常會發生車輪打滑的現象。

　　摩擦力的大小或其極限值會受到兩摩擦物體或當時的狀態所影響。以汽車為例，輪胎與路面狀態就是影響因子。輪胎有各式各樣的種類。賽車輪胎採用的橡膠素材比一般輪胎容易發生摩擦，因此可以發揮巨大的驅動力。另外，假如以相同場所、相同路面的乾溼狀態進行比較的話，潮濕路面的摩擦力極限值會比乾燥路面的摩擦力極限值小。

　　在摩擦力的計算上，兩物體發生摩擦的容易程度稱為「摩擦係數」，通常以希臘字母「μ」作為簡寫符號。換句話說，車輪容易打滑的路面為就是摩擦係數（μ值）比較小的路面。

　　摩擦力會與「物體施壓於摩擦面的垂直方向的力量」成正比。由此可知，在車體與路面平行的狀態下，車體愈重，摩擦力的極限值也就愈高。

▓ 圖1　摩擦力與驅動力的關係

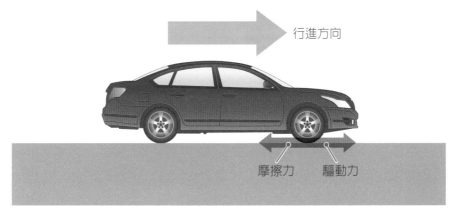

行進方向

摩擦力　驅動力

輪胎往後摩擦路面的反作用力，正是路面回推汽車向前行的力量，也就以驅動力的形式呈現。

▓ 圖2　車輪打滑

車輪空轉

當超過摩擦力極限值的巨大力量迴轉車輪時，車輪與路面之間將無法產生摩擦力，進而導致打滑的情況發生。

車輪打滑也無妨

即使車輪打滑，賽車也能在車輪打滑的瞬間之後起步。因為車輪打滑不代表車輪與路面之間完全缺乏摩擦，而是摩擦熱會使輪胎軟化，改變輪胎的狀態，提高摩擦力的極限值，所以還是能夠發揮驅動力。

一旦有了驅動力，就會產生加速度，進而提高車速

~力與加速度~

　　汽車獲得「驅動力」這樣的「力」就能行進。力是什麼呢？根據運動定律：「物體受力後會沿著力的作用方向產生『加速度』」。換句話說，力就是讓物體產生加速度的來源。

　　所謂加速度，指的就是每單位時間內速度的變化率。加速度乘以時間，即可以計算出該時間內可增加多少速度。以最初速度等於零為例，加速度與時間的乘積就等於速度。汽車利用引擎產出動力，促使輪胎產生驅動力，即可提高移動速度。

　　延續前述運動定律：「物體的加速度與力的大小成正比，與物體的質量成反比。」由此可知，在車重相同的情況下，所獲得的驅動力愈大，所能產生的加速度也就愈大。因此各位不難理解，引擎所能產出的動力愈大，汽車的「加速性能」也就愈好。但是話又說回來，無論汽車所搭載的引擎可以產出多大的動力，一旦超出輪胎與路面的摩擦力的極限值，將無法發揮驅動力。

　　在驅動力相同的情況下，車體愈輕，將愈容易加速。因此賽車或跑車的車體無不致力於朝向「輕量化」發展，以追求更卓越的加速性能。雖然一般汽車並不需要像賽車或跑車那樣講求加速性能，但是基於加速度與物體的質量成反比這項原理，假如想要獲得相同的加速度，那麼車體愈輕，所需要的驅動力將會愈小。總而言之，就是愈能節省能源。因此，目前所有的汽車一致以車體輕量化為發展目標。

■ 圖 1　驅動力與加速性能

驅動力：大
大馬力引擎

加速度：大

驅動力：小
小馬力引擎

加速度：小

驅動力愈大，所能獲得的加速度愈大。引擎產出強大的動力，汽車就能猛烈加速。

■ 圖 2　車體重量與加速性能

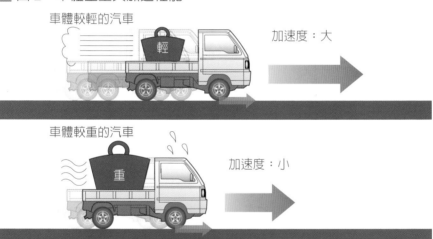

車體較輕的汽車

輕

加速度：大

車體較重的汽車

重

加速度：小

在驅動力相同的情況下，車體愈輕，就愈容易加速。

重量與質量

日常生活經常使用的重量單位是公克（g）與公斤（kg）。不過在物理學領域，重量單位經常利用力的單位「牛頓（N）」，而g與kg通常作為描述質量的單位。質量，代表該物體被搬動的難易程度或輕重程度，指的是本質的量。重量，代表重力對物體的作用程度。以相同物體為例，無論在地球表面或在重力較地球小的月球表面，它的質量都是一樣的；但是它的重量數值，在月球表面就會比在地球表面輕。

01-04 汽車會一面對抗行進阻力，一面行進

~慣性與行進阻力~

運動定律中有所謂的「慣性定律」：在不受外力作用的情況下，物體不會改變速度與方向。也就是說，在不受外力作用的情況下，物體會保持一定的速度。持續原本的運動狀態的性質稱為「慣性」。慣性定律不只適用於運動中的物體，也適用於靜止狀態的物體。在無外力作用之下，靜止的物體將持續維持速度等於 0 的狀態。

冠上運動定律這名稱，乍聽之下似乎難以理解，但實際上任何人都體驗過「慣性作用」。例如，搭乘汽車遇到減速時，身體就會往前傾。此時，由於身體還以同樣的速度前進，所以會出現瞬間向前傾的現象。相反地，當汽車加速的時候，身體會瞬間向後倒。在上述情況中，我們所感受到那股作用在身體的力量就稱為慣力。

慣力與物體的質量成正比，也會與速度的平方成正比。即使速度相同，質量是 2 倍的話，慣力就是 2 倍。即使質量相同，速度是 2 倍的話，慣力就是 4 倍。

慣性定律也作用在汽車本體。在慣性作用下，當駕駛人停止利用引擎驅動汽車時，汽車理應以原有的速度前進。但實際的現象是：汽車會逐漸降低速度。這代表有另一種力量同時作用於汽車。這股力量就是所謂的行進阻力。

行進阻力必定伴隨著汽車行進。因此，想要讓汽車行進的話，就必須讓汽車發揮相同於行進阻力的驅動力才行。當汽車的驅動力小於行進阻力時，車速就會降低。由此可知，汽車加速時必須發揮大於行進阻力的驅動力。

■ 圖 1　何謂「慣力」

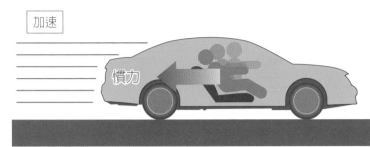

雖然汽車正在加速，但是因為乘客的身體依然保持相同的前進速度，所以會發生身體被座椅往前推的現象。

雖然汽車正在減速，但是因為乘客的身體依然保持相同的前進速度，所以身體會受到慣性作用而往前傾。

■ 圖 2　驅動力與行進阻力

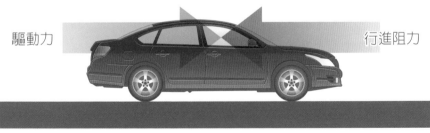

行進中的汽車隨時都在遭遇行進阻力。車速增加或減少都與驅動力及行進阻力相關。

驅動力 < 行進阻力 → 減速
驅動力 = 行進阻力 → 定速
驅動力 > 行進阻力 → 加速

行進中的汽車擁有動能

~動能~

　　從「能量」的角度來看，汽車能夠行進代表汽車擁有「動能」。在日常會話中，能量與能源這兩個詞經常出現。能量講人，有氣力、活力的意思；能源則是產出能量的本源。我們常聽各界呼籲要節能，意思是要節約消費能源，呼籲大眾珍惜終將耗盡的能源。由此可知，消費能源會使能源消失。然而能量，就物理學觀點來說，是不會消滅的。

　　在物理學層面，能量除了以動能型態呈現，還能以電、熱、光、音、化學等各種型態呈現，而且不管能量的形態後來如何轉變，前後加總起來的能量絕對等於最初的能量，不會改變。某一型態的能量耗盡了，一定會轉變成其他形態出現──這就是所謂的「能量不滅定律」。

　　以汽車為例。汽車引擎是把燃料的化學能量轉變成動能的機械裝置。可惜的是，化學能量並不會完全轉變成運動能量。那麼基於能量不滅定律，沒有轉變成動能的那些能量，將會變成其他型態的能量。如此轉變為需求目的以外的能量，就是所謂的「損失」。

　　行進中的汽車一旦在引擎停止後，就會因為行進阻力而逐漸減速。這就是動能減少的證據。而所減少的動能將會轉變成「熱能」的型態逸散掉了。

■ 圖 1　能量不滅定律

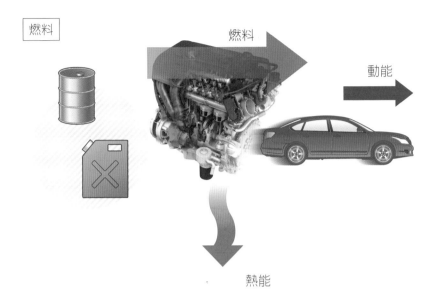

能量會以各式各樣的形態呈現，而且只要某種型態能量減少，必定會造成其他型態的能量增加。汽車引擎是將燃料的化學能量轉變成動能的裝置。在轉換的過程中，部分能量將會轉變成熱能逸散出去。

■ 圖 2　從動能轉變成熱能

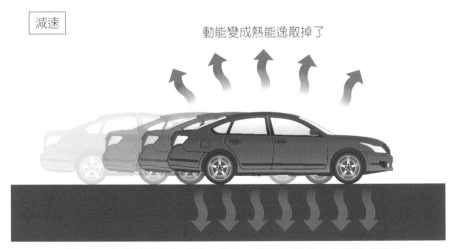

只要不驅動汽車，汽車就會逐漸減速。此時，汽車的動能就會轉變成熱能。

坡道的高度是能量的盟友，也是敵人

～位能～

　　把球放在坡道上，在不借助外力的情況下，球自己就會往下滾動。這個現象是因為某種能量轉變成動能的緣故。在這種情況下，後來轉變成動能的能量稱為「位能」。

　　位能是因為高度而產生的能量，位置愈高，位能愈大。上一節所提到的動能與熱能等多型態的能量的量都可以做成絕對性的表示，但是唯有位能的量，只能做成相對性的表示。也就是說，只能先規定一個基準位置，然後說比基準位置高的地方的位能比較大，如此而已。

　　舉例來說，把球往上拋，隨著高度增加，球的上升速度會而逐漸變慢。這意味著球的動能逐漸轉變成位能。假如以球的最初高度作為基準高度，那麼最初高度位置的位能就等於零。球在上升過程中會逐漸減速，並在上升速度等於零的時候抵達最高位置。球在最高位置時，動能等於零，位能最大。然後，球開始墜落。在墜落的過程中，位能會逐漸轉變成動能，使球的墜落速度逐漸加快。

　　現在回過頭來以汽車為例，汽車在坡道行走會受到位能的影響。在下坡時，就算不驅動汽車，汽車也會加速前進。這是因為位能轉變成動能的緣故。相反地，在上坡時，假如還是按照原本在平地定速行走的驅動力行進，那麼車速就會逐漸減慢。這個現象就是動能逐漸轉變成位能的緣故。

■ 圖1　位能與動能

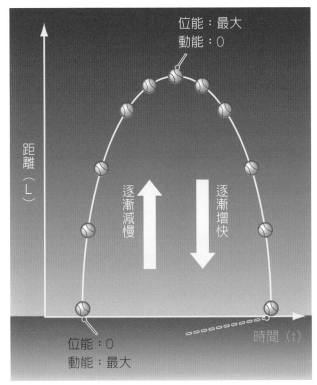

以發球高度作為基準高度。球在最初高度位置時，位能等於零；升到最高位置時，位能最大。相反地，球的動能在發球的瞬間最大；在上升到最高位置變成靜止狀態時，動能等於零。

■ 圖2　球的動能與坡道

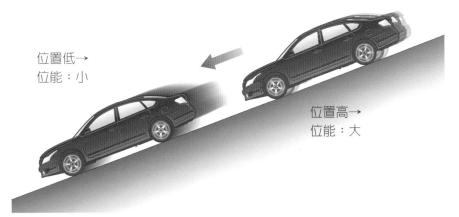

汽車在下坡時，即使不藉由驅動力加速，位能的落差也能造成動能增加，使汽車加速。汽車在上坡時，假如不增加動能以彌補位能落差，車速就會逐漸減慢。

路面傾斜會減弱驅動力

～傾斜與摩擦力～

　　汽車行駛於坡道時，位能的變化會影響動能的增減，也會影響驅動力。前面幾節內容曾說明過，摩擦力與物體施壓於摩擦面的垂直分力成正比。汽車與路面呈水平時，車輪垂直壓在路面的力量等於汽車的重量。但是在傾斜的路面上，車輪所承受的車體重量就不會全部壓在路面上。

　　當思考這種情形時，我們不妨將作用力的成分拆開來討論。如右上圖所示，汽車壓在路面上的作用力可以分成「與路面垂直的分力」及「與路面水平的分力」，其中只有垂直分力是輪胎施壓於路面的作用力。由於垂直分力小於汽車重量的作用力，所以在傾斜路面，摩擦力會變小。換句話說，驅動力也會變小。由此可知，路面愈傾斜，車輪承受車體重量下壓路面的作用力愈小，驅動力也就愈小。

　　由於摩擦力的極限值降低，所以在坡道上對輪胎過度施力時，輪胎會比在平坦道路上容易打滑。上坡道絕對是如此，下坡道也一樣。

　　另一方面，車輪施加於路面的水平分力也會影響汽車行進。在上坡道時，由於水平分力與行進方向相反，所以會降低汽車的行進速度。然而，水平分力正是將動能轉換為位能的作用力。因此，在下坡道時，由於水平分力與汽車的行進方向相同，所以可以加快行車速度。由此可知，水平分力也是一種能將位能轉換成動能的作用力。

■ 圖 1　位能與動能

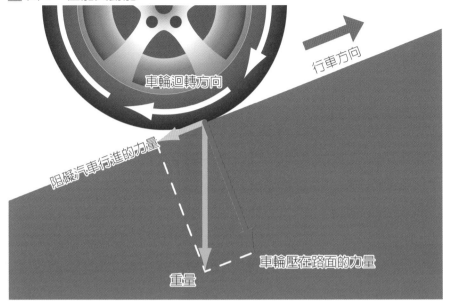

在傾斜的路面上，汽車的重量只有與路面垂直的分力會透過車輪施壓在路面上，進而降低汽車的驅動力。至於與路面水平的分力，在上坡道時會阻礙汽車前進，在下坡道時則會輔助汽車前進。

■ 圖 2　球的動能與坡道

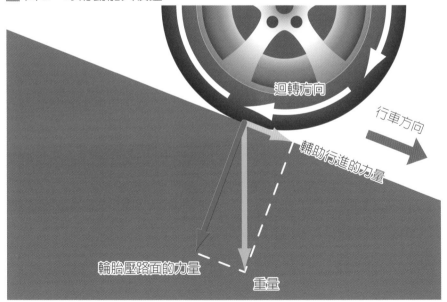

妨礙汽車行進的因素有
輪胎變形、大氣壓力與摩擦

~行車阻力~

　　行車阻力包含許多，主要有輪胎的滾動阻力與空氣阻力。

　　輪胎是橡膠材質，在汽車行駛中，胎面與路面接觸時會變得扁平，離開路面後又恢復原狀。胎面之所以一會兒變形，一會兒恢復原狀，是因為某種力量作用的緣故。而這個力量稱為「輪胎的滾動阻力」。輪胎在變形或復原時，輪胎的橡膠材質內部會發生摩擦，產生摩擦熱，使動能轉變成熱能。

　　空氣阻力包含壓力阻力與摩擦阻力。汽車前進時，汽頭壓擠前方空氣使前方的氣壓升高，而前方空氣隨即回壓車體。至於車體後方，由於車體已經離開剛剛的位置，所以車體後方的氣壓會降低，產生拉回車體的力量。上述回壓車體與拉回車體的作用力都屬於「壓力阻力」。另外，汽車行進會也與空氣發生摩擦，產生摩擦阻力。在日常生活中，我們不會特別感覺到自己正與空氣發生摩擦。但是，摩擦阻力與速度的平方成正比。因此速度愈高的物體，受到摩擦阻力影響的程度也就愈大。

　　我們也可以把汽車爬坡時發生的爬坡阻力，或是加速時發生的加速阻力視為汽車的行進阻力。汽車爬坡時，車體重量之中，與路面水平的分力會成為阻礙汽車行進的力量，稱為「爬坡阻力」或「坡度阻力」。汽車下坡時，由於負爬坡阻力作用，行車阻力因而得以降低。

　　最後再來討論看似有助於汽車行進的慣性作用。事實上，當汽車加速時，由於慣性作用會維持原有速度，所以反倒成為行車阻力，也就是所謂的「加速阻力」或「慣性阻力」。

■ 圖 1　車輪滾動的阻力

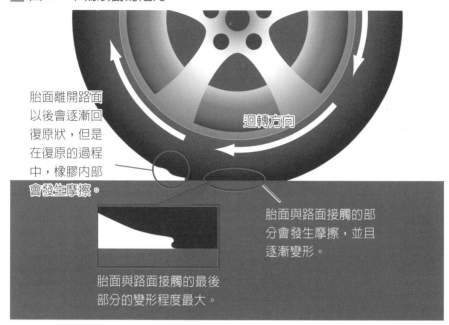

胎面離開路面
以後會逐漸回
復原狀，但是
在復原的過程
中，橡膠內部
會發生摩擦。

迴轉方向

胎面與路面接觸的部
分會發生摩擦，並且
逐漸變形。

胎面與路面接觸的最後
部分的變形程度最大。

輪胎之所以會有因為汽車行駛而變形或復原的情況，代表著帶動汽車行進的力量中，有一部分被挪作此用。

■ 圖 2　空氣阻力

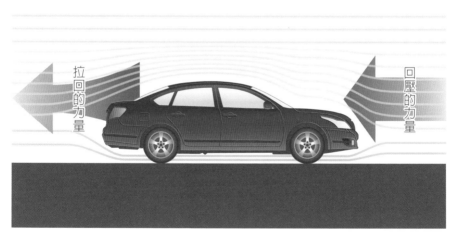

拉回的力量

回壓的力量

空氣阻力因車體形狀而異。現代的汽車為了節省燃料，車體通常設計成有助於減少空氣阻力的造型。

引擎的運作會經由兩個階段轉換能量

~熱機與內燃機~

　　汽車的動力源自「引擎」。引擎是將燃料的化學能量轉換為動能的機械裝置，轉換過程包含兩道程序：首先將化學能量轉換成熱能，接著再將熱能轉換為動能。將熱能轉換為動能，以產生動力的機械裝置稱為「熱機」。

　　以日常生活現象「瓦斯爐把水壺內的水燒開時，壺嘴蓋會喀答喀答地掀動」為例，掀動壺嘴蓋的是從瓦斯爐產出的熱能（由瓦斯的化學能量轉換而來）轉換成足以將壺嘴蓋掀開的動能。相同的道理，假如我們在壺嘴前放置一只風車，那麼風車就會被蒸氣的噴射氣流所吹動。

　　熱機包含許多種類，汽車引擎幾乎都是應用「汽缸與活塞」。在日常生活中也接觸得到構造類似且容易理解的物品，例如注射針筒。注射針筒的筒身好比汽缸，可以推進抽出的活塞好比汽車汽缸的活塞。假如以注射針筒比喻汽缸與活塞，那麼就是在筒身連接針頭處塞住的狀態下，燃料在筒身內部燃燒，燃料燃燒產生的二氧化碳以及沒有被燃料燃燒消耗的剩餘空氣受熱膨脹，膨脹的氣體推擠活塞。以上就是汽車引擎運作的基本原理。由於最終產生動能的機關的內部正是燃燒場所，因此這種熱機又可稱為「內燃機」。順帶一提，蒸汽火車的動力來源，也就是蒸汽引擎，由於燃燒場所設計在最終產生動能的機構外部，所以又可稱為「外燃機」。

■ 圖 1　熱機

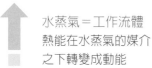

壺嘴蓋掀動＝動能

水蒸氣＝工作流體
熱能在水蒸氣的媒介
之下轉變成動能

火力＝熱

瓦斯爐加熱壺水，壺水沸騰時壺嘴蓋掀開，水蒸氣轉動壺嘴前方的風車 —— 這就是熱能轉變成動能的原理。進一步說明的話，就是瓦斯爐把瓦斯這項燃料的化學能量轉換成熱能。

■ 圖 2　內燃機與外燃機

汽缸內部燃燒，汽缸內部的氣體受熱膨脹後推動活塞。

汽缸外部燃燒，燃燒產生的熱使汽缸內部的氣體膨脹，膨脹的氣體推動活塞。

由活塞與汽缸所打造出來的燃燒室

～引擎的基本構造～

上一節藉由注射針筒比喻汽車引擎中的汽缸與活塞說明內燃機的運作原理。不過，注射針筒的結構單純，並不具備連續產出動能的能力，真正的引擎必須為活塞與汽缸附加各種裝置才能連續作動。利用活塞與汽缸的引擎稱為「往復式引擎」或「活塞引擎」。之所以稱為往復式引擎，是因為動能產生時，活塞正處於來回運動狀態。

往復式引擎分為許多種類。由於現代的汽車引擎燃料是以汽油為主流，因此一般汽車引擎又稱為「汽油引擎」。此外，汽油引擎的運作以四個行程完成一個循環，所以又稱為「四行程引擎」或「四衝程引擎」。綜合以上，若要完整稱呼現代的汽車引擎，應該稱為四行程式汽油引擎，不過我們通常只簡稱為汽油引擎。

汽油引擎的汽缸有傾斜或橫臥等形式，但以直立且上方閉鎖為最基本形式。活塞移動範圍的上限位置稱為「上死點」，下限位置稱為「下死點」。活塞運動至上死點時，汽缸內部依然會殘留一定的空間，這個空間稱為「燃燒室」。燃燒室有「進氣口」連結，負責吸入空氣與燃料；另有「排氣口」連結，負責排出燃燒後的氣體。進氣口與排氣口由「進氣汽門」、「排氣汽門」主導各自的開關。另外，燃燒室內有電極突出，稱為「火星塞」，負責放電，以火花點燃燃料。

■圖1　產生動能的空間

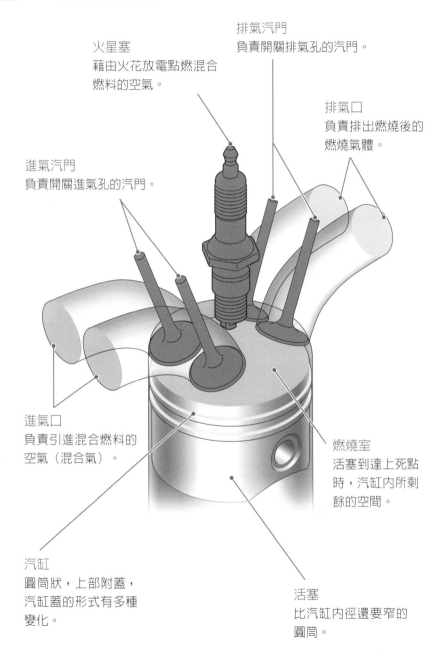

火星塞
藉由火花放電點燃混合
燃料的空氣。

排氣汽門
負責開關排氣孔的汽門。

排氣口
負責排出燃燒後的
燃燒氣體。

進氣汽門
負責開關進氣孔的汽門。

進氣口
負責引進混合燃料的
空氣（混合氣）。

燃燒室
活塞到達上死點
時，汽缸內所剩
餘的空間。

汽缸
圓筒狀，上部附蓋，
汽缸蓋的形式有多種
變化。

活塞
比汽缸內徑還要窄的
圓筒。

引擎運轉的四個行程：
進氣、壓縮、燃燒與膨脹、排氣

~汽油引擎的四個行程~

四行程引擎的運轉由⑴進氣行程、⑵壓縮行程、⑶燃燒與膨脹行程、⑷排氣行程，以上四個行程組成一個循環。

⑴進氣行程自活塞位於上死點開始。排氣汽門呈閉鎖狀態，進氣汽門開啓使活塞下降，汽缸內部壓力下降，由進氣口吸入空氣與霧狀燃料混合而成的氣體（稱爲混合氣）

活塞到達下死點時，進排氣汽門全數關閉，接著活塞上升，壓縮混合氣，完成⑵壓縮行程。藉由氣體溫度因體積受到壓縮而上升的原理，促使混合氣達到易燃狀態。

活塞到達上死點時，火星塞點燃混合氣，開始⑶燃燒與膨脹行程。過程中，混合氣爆炸、燃燒，產生大量的熱，使燃燒產生的氣體與用於燃燒的氣體（合稱爲燃燒氣體）膨脹，下壓活塞。在此同時，熱能轉變爲動能，產生動力。

當活塞到達下死點時，⑷排氣行程開始：排氣汽門開啓，活塞上升，排出燃燒廢氣。活塞回到上死點以後，繼續重複進氣行程。

在一連貫的四個行程之間，活塞總共來回上、下死點兩次，以如此往復運動帶動曲軸與連桿旋轉，輸出馬力（曲軸與連桿稍後說明）。

以上只是針對引擎的四個行程的最基本說明。有關引擎的實際運作，各行程的開始與結束時機存在微妙的落差，也有汽車廠爲引擎設計不同於以上的燃料供給方式。

■圖1　汽油引擎四行程

⑴進氣行程
活塞下降，汽缸內部壓力下降，吸入混合氣／進氣汽門開啟，排氣汽門關。

⑵壓縮行程
活塞上升，汽缸內部壓力升高，壓縮混合氣／進氣汽門關閉，排氣汽門關閉。

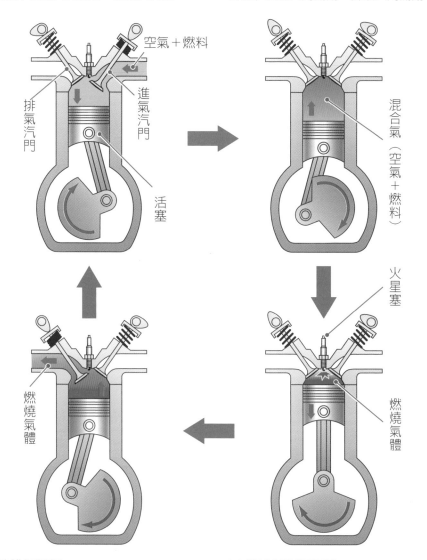

空氣＋燃料

排氣汽門

進氣汽門

活塞

混合氣（空氣＋燃料）

火星塞

燃燒氣體

燃燒氣體

⑷排氣行程
活塞上升，排出汽缸內部的燃燒廢氣／進氣汽門關閉，排氣汽門開啟。

⑶燃燒與膨脹行程
壓縮狀態的混合氣著火燃燒，燃燒氣體膨脹，推擠活塞下降／進氣汽門關閉，排氣汽門關閉。

引擎運轉的四個行程：
進氣、壓縮、燃燒與膨脹、排氣
~柴油引擎的四個行程~

上一節內容介紹的是汽油引擎的四個行程。本節接著要為各位說明的是：同樣為往復式汽車引擎所採用的「柴油引擎」。過去，由於柴油引擎所排放燃燒氣體所產生的空氣污染問題較為嚴重，所以在某段時期，柴油引擎完全不被乘坐用車所採用。但若比較燃油效率的話，由於柴油引擎優於汽油引擎，因此就這方面而言，柴油引擎倒是比汽油引擎來得環保。

柴油引擎與汽油引擎同樣屬於「四行程引擎」。兩種引擎的四個行程的基本概念相同，但是在汽缸與活塞的設計上，柴油引擎擁有較高的壓縮比。在燃燒室的點火方式方面，柴油引擎並不採用火星塞，而是以噴油器（噴射燃油的零件）取而代之。

在(1)進氣行程中，柴油引擎的汽缸所吸入的氣體並非混合氣，而是單純的空氣。利用(2)壓縮行程壓縮空氣，將燃燒室內的溫度提升到600℃以上。在燃燒室中，作為燃料的汽油自燃料噴嘴噴出，在高熱下自燃，完成(3)燃燒與膨脹行程，在(4)排氣行程中排出燃燒廢氣。

相較於汽油引擎，由於柴油引擎擁有較高的壓縮比，所以可以產生較大的動能，獲得更高的燃油效率。但也正因為如此，柴油引擎為了能夠承受更大的壓力，在構造上必須比汽油引擎更加堅固，所以本體構造巨大又笨重。這項缺點再加上柴油引擎所引發的空氣污染較汽油引擎嚴重，所以在日本，採用柴油引擎的車種以卡車等大型車為主。不過近年來，由於燃燒氣體的淨化技術已經提升，柴油引擎已經重新獲得部分乘坐用車的青睞。為了有別以往，新式柴油引擎則稱為「潔淨柴油引擎」（Clean Diesel Engine）。

■ 圖 1　柴油引擎四行程

⑴ 進氣行程

活塞下降，汽缸內部壓力下降，吸入混合氣／進氣汽門開啟，排氣汽門關。

⑵ 壓縮行程

活塞上升，汽缸內部壓力升高，壓縮空氣以提高溫度／進氣汽門關閉，排氣汽門關閉。

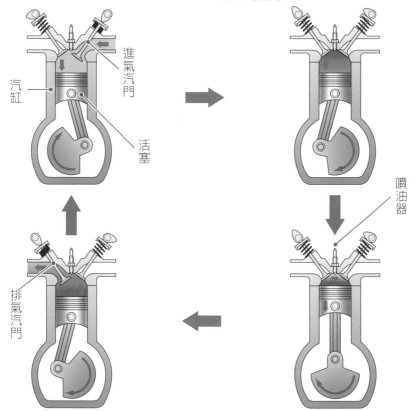

⑷ 排氣行程

活塞上升，汽缸內部的燃燒廢氣排出／進氣汽門關閉，排氣汽門開啟。

⑶ 燃燒與膨脹行程

向高溫空氣噴射燃油以促使燃油自燃，燃燒氣體受熱膨脹後推擠活塞下降／進氣汽門關閉，排氣汽門關閉。

轉子引擎

不同於往復式引擎，轉子引擎不須藉由活塞往復運動就能直接產生迴旋運動。擁有高輸出馬力，可惜燃油效率不佳。二〇一二年時，最後一款搭載轉子引擎的汽車停產。

燃料所產生的能源無法全數轉換爲動能

～熱效率～

　　汽車引擎將燃料的化學能量轉換爲動能的過程中，必定伴隨能量的「損失」，而且損失龐大。

　　在燃料燃燒時，一旦發生不完全燃燒現象，除了燃料的部分能量會跑到燃燒後的廢氣中，還會產生餘燼。像這樣燃料從化學能量轉變爲熱能的過程中，所發生的損失稱爲「未燃損失」。

　　汽缸內部產生的熱能也會溫熱汽缸本體。若放任熱能加熱汽缸，將會導致汽缸過熱，並產生問題，因此有必要幫汽缸設置降溫工程。這種降溫捨棄熱能就稱爲「冷卻損失」。此外，燃燒所產生的廢氣溫度比引擎進氣的溫度還高，廢氣的排出也會導致溫度的捨棄，稱爲「排氣損失」。

　　扣除以上損失所剩餘的能量會被轉換成動能，但可惜的是無法全數轉換成爲引擎的輸出馬力。原因在於除了燃燒與膨脹行程以外，引擎還必須耗費動能牽引活塞運動，產生「活塞損失」（pumping loss）。詳細情形本書將利用下一章詳盡說明。此外，連內部零件相互摩擦也會使動能轉變成熱能，產生「摩擦損失」。所以，最後得扣除以上這些損失所剩餘的動能，才會是引擎眞正輸出的動能。

　　相對於燃料的化學能量，引擎輸出動能所占的比例稱爲「熱效率」。傳統汽油引擎的熱效率大約是 30%，拜現代節省油耗技術提升所賜，現代引擎的熱效率已普遍提升至 35%，部分車種甚至已提升至 40%。即便如此，引擎燃料的能量損失還是高達 60%！

■ 圖 1　能量的效率

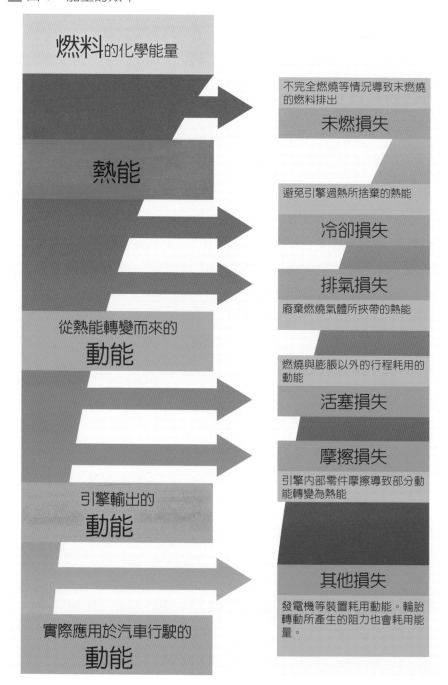

即使引擎迴轉的力量能直接傳動車輪，也無法使汽車行駛

~引擎的性能~

引擎所產生的力量屬於迴轉的力量。作用力使物體產生旋轉的效應稱為「力矩」（註：在汽車領域常用「扭矩」，故本書統一使用「扭矩」）。引擎迴轉的速度稱為「轉速」。引擎的扭矩與轉速相乘，即為引擎的輸出馬力，亦即一定時間內轉換成動能的力量。

至於引擎的輸出馬力如何轉換成動能，由於難以簡單說明，本單元省略不談。基本上，引擎轉速低，扭矩就小；轉速升高，扭矩也隨之增大。但是，扭矩會在引擎轉速提升至一定程度的時候到達最大值，此後即使引擎轉速繼續提升，扭矩也不會再增加，反而逐漸減弱。近來，汽車工程師致力於開發扭矩對轉速的變化曲線呈梯形變化的引擎，以提升引擎的性能。不過，扭矩曲線基本上還是呈現山形變化。基於扭矩與引擎轉速的乘積等於輸出馬力，最大輸出馬力當然也會在一定的轉速達到最大值，隨後逐漸轉弱。

而燃料消耗率（為了達到一定的輸出馬力所需要的燃料量）也會受到引擎轉速的影響。兩者的關係曲線基本上呈谷形變化。不過，引擎從零轉速開始運轉時，由於必須瞬間產生扭矩，因而無法迴轉，而且在轉速未到達一定程度以前，也沒有辦法產生具有實用效能的扭矩。所謂引擎「怠速運轉」，就是引擎以這種方式維持最低轉速的狀態。

在汽車實際行駛的場合，例如起步時，汽車需要引擎輸出巨大的馬力，但是車輪轉速卻又不慢不行。起步後進入加速前進階段時，汽車又需要引擎逐漸增大輸出馬力，以逐漸提高車輪轉速。至於定速行駛，由於驅動力只要足夠應付行進時的阻力就好，汽車對於引擎的動力需求自然也比較小。由此可知，車輪轉速與引擎扭矩必須要隨汽車行駛狀態而改變。假如只是直接利用引擎的原始運轉來輸出馬力，汽車勢必無法獲得所需要的車輪轉速或扭矩。因此，汽車還需要變速箱擔任居中轉換的任務。

■ 圖1　引擎性能曲線

〔1〕扭矩曲線

引擎運轉到達一定轉速時可發揮最大扭矩。基本上，引擎扭矩對引擎轉速的變化曲線以這個點作為頂點，呈山形變化。不過近來，將扭矩變化曲線改善成梯形，延長可以發揮最大扭矩的轉速範圍的引擎也已問世。

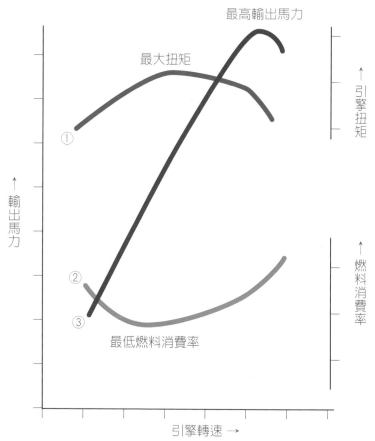

〔2〕燃料消費率曲線

在引擎轉速到達一定程度時，會降到呈山谷狀的最低基本線型。駕駛人如能配合最低燃料消費率所對應的引擎轉速行駛汽車，即可發揮油耗抑制效果。

〔3〕輸出馬力曲線

由於輸出馬力值等於引擎轉數與扭矩的乘積，因此輸出馬力曲線基本上也是呈山形分布。雖然扭矩在到達最大值以後會逐漸降低，但是由於扭矩值在轉降到一定程度以前，引擎轉數還在攀升之中，輸出馬力還會繼續增大，所以最高輸出馬力出現時的引擎轉速會高於最大扭矩出現時的引擎轉數。

專欄1　轉子引擎

　　二〇一二年六月二十二日，馬自達RX-8宣告停產。這意味著搭載轉子引擎的汽車自此退出新車銷售市場。

　　轉子引擎與往復式引擎的最大差別在於，轉子引擎不需利用活塞作往復運動就可以直接產生迴旋運動。「以小體積創造高輸出馬力」是轉子引擎主要的優點。但是，可以充分獲得扭矩的轉數範圍狹窄，一般認為是不容易駕馭的引擎。此外，轉子引擎在油耗表現方面也稱不上優秀，潤滑等方面更殘留許多問題有待克服。儘管如此，轉子引擎的大扭矩表現在跑車領域確實是一大魅力。過去，其他車廠也曾採用轉子引擎，但是到了一九七〇年代以後，就只剩下馬自達獨自堅持為市售新車繼續搭載轉子引擎。然而，馬自達的獨特傳統終於還是謝了幕。

　　目前，馬自達依舊持續投注心力在以氫氣作為燃料的轉子引擎的研究開發上，期待有朝一日能夠在新車市場上推出氫氣轉子引擎汽車。不過就目前情況而言，一切都還屬於未知數。

▌轉子引擎

第 2 章

引擎的
基本機械原理

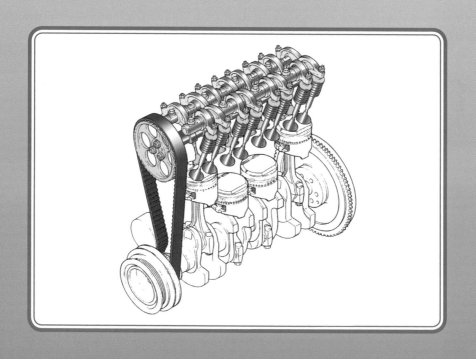

不將活塞的往復運動轉換成迴轉運動，就無法應用

～曲軸機構～

例如汽油引擎所採用的往復式引擎，雖然已經藉由活塞執行往復運動產生力量，但是汽車行進還需要輪胎作迴轉運動才能行駛。因此，往復式引擎內存在有「曲軸」與「連桿」，以便將往復運動轉換成迴轉運動。曲軸是很基本的機械機構，許多機械都需要它。爲了方便讀者理解曲軸機構的結構與原理，本單元將以日常生活常見的腳踏車的腳踏板爲例，爲各位說明。

從正側方觀察騎腳踏車的人踩踏板的模樣便可發現，雖然膝蓋多少會往左右移動，但就整體而言仍屬於重複往上或往下的往復運動。因此我們可以將膝蓋視爲活塞，小腿相當於連桿，腳踏板與迴轉軸相連的部分則相當於曲軸。

腳將踏板往下踩的時候，膝蓋會隨之下降。當腳踏板隨之畫大圓圈時，迴轉軸的「鍊輪齒」（外圈披掛鍊條的齒輪）也會隨之旋轉，如此便可將直線運動轉變成迴轉運動。當腳踏板下降到最低位置時，腳就沒有辦法再往下踩。在一般的騎乘情況下，腳並不會固定在踏板上，但是這裡假設腳是固定在踏板上，所以當腳踩到最低位置以後，會把踏板牽引上去。換句話說，在膝蓋上升時，會帶動鍊輪齒旋轉。只要連續重複以上動作，往復運動就能轉變爲迴轉運動。

在一般的騎乘情況下，當一隻腳踩到最低位置時，另一隻腳剛好會上升到最高位置。當上升到最高位置的腳接著往下踩時，即可繼續迴轉運動，而下降到最低位置的另一隻腳就會被踏板往上帶。由此可知，曲軸也是可以將迴轉運動轉換成往復運動的機構。

■ 圖1　曲軸與連桿

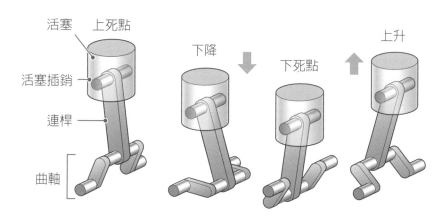

連桿的兩端分別與連結活塞與曲軸，而且其間另有零件銜接，使連桿得以擺動。

■ 圖2　曲軸機構如何動作

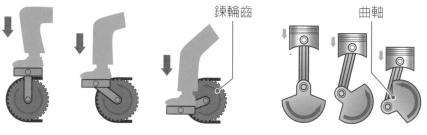

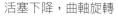

左腳膝蓋往下，腳踏板畫圓圈，
鍊輪齒轉動。

活塞下降，曲軸旋轉

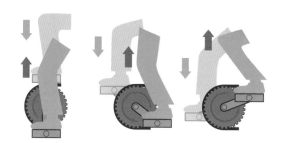

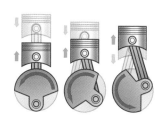

右腳往下踩踏板，帶動右腳踏板
畫圓圈，左腳膝蓋隨之上升。

假如有另一組活塞，就可以
提昇已經下降的那組活塞。

引擎中會產出動能的，只有燃燒與膨脹行程

～多汽缸化與飛輪～

在引擎運轉的四個行程中，實際能產出動力的行程只有燃燒與膨脹行程，至於其他三個行程都需要作用力來移動活塞。因此絕大多數汽車引擎需要配備許多「汽缸」，例如乘坐用車的引擎一般具備 3～12 組汽缸。一組汽缸包含一支活塞與一支汽缸體。每組汽缸有各自專司的行程，而且某汽缸活塞掀動所需的作用力是來自於其他某汽缸所產出的動力。曲軸的每個迴轉部位都有搭配連桿，藉以將負責燃燒與膨脹行程的汽缸所產出的動力傳導至其他汽缸。

事實上，一組汽缸（單汽缸）就能構成一具引擎。其重點在於「飛輪」，飛輪是位於曲軸先端的金屬圓盤，只要開始迴轉，就能在慣性作用下持續迴轉。這種迴轉運動的慣性力稱為「慣性矩」。在迴轉力作用下，除了負責燃燒與膨脹的行程以外，就是負責開閉活塞。

「多汽缸引擎」也配有飛輪。之前介紹過，燃燒與膨脹行程會產生動力，可是產生動力的關鍵在於它的前半行程。即使讓四汽缸引擎中的每個汽缸單獨負責一個行程，而且引擎內部也只有這四具汽缸的話，那麼在迴轉一次的期間，每個汽缸的迴轉速度就會出現落差，使得迴轉不順暢。但是，假如曲軸先端有裝設飛輪，那麼在動力產出的時候，慣性矩就會作用，也會抑制迴轉速度升高。另一方面，在動力沒有發揮的時候，也能抑制迴轉速度下降，因而收到平順的迴轉效果。

■ 圖 1　各個汽缸的工作分擔

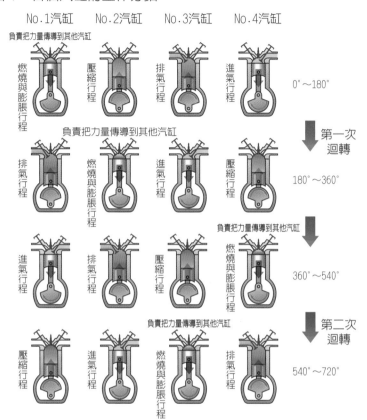

No.1汽缸　　No.2汽缸　　No.3汽缸　　No.4汽缸

負責把力量傳導到其他汽缸

燃燒與膨脹行程　　壓縮行程　　排氣行程　　進氣行程

0°～180°

第一次迴轉

負責把力量傳導到其他汽缸

排氣行程　　燃燒與膨脹行程　　進氣行程　　壓縮行程

180°～360°

負責把力量傳導到其他汽缸

進氣行程　　排氣行程　　壓縮行程　　燃燒與膨脹行程

360°～540°

第二次迴轉

負責把力量傳導到其他汽缸

壓縮行程　　進氣行程　　燃燒與膨脹行程　　排氣行程

540°～720°

四汽缸所構成的引擎可以隨時且持續產生動力，即使在燃燒與膨脹以外的行程，依然可以開閉活塞。

■ 圖 2　飛輪

飛輪

在慣性矩的作用下，飛輪可以持續迴轉，所以即使進入燃燒與膨脹以外的行程，飛輪也能繼續迴轉，並且在轉速受到控制的狀態下產生平順的迴轉運動。

無需飛輪的現代引擎

事實上，絕大多數現代的汽車引擎並不裝配飛輪。自動變速車（AT車）或多數的無段變速車（CVT車）選擇以另外一種裝置：變速箱的扭矩轉換器（或稱液力變矩器）來連結引擎。變速箱的扭矩轉換器的機能相當於飛輪，因此不需要額外裝配飛輪。

汽缸是以金屬塊打造而成，內部可以容納活塞

~汽缸體與汽缸蓋~

引擎產出力量的基本單位是「汽缸與活塞」。在引擎的實體結構中，汽缸筒的結構由設置於內部的「汽缸體」與覆蓋汽缸頂部的「汽缸蓋」所組成。這兩項零件都必須具備承受高壓的能力，以承受燃燒與膨脹行程產生的爆炸性燃燒，非堅固不可。但是相對的，結構過重又會在行駛性能方面產生油耗表現不佳的缺點，所以車廠總是設法在保全結構強度的大原則下，思考如何刪減不必要的零件，以達成輕量化目標。一般汽缸多為鑄鐵材質，不過也有部分汽缸為了減輕重量而採用鋁合金材質。

汽缸體的結構設計會配合汽缸的數量。汽缸筒內可以容納活塞，汽缸筒與汽缸蓋交界處附近即為上死點。汽缸體下部由支撐曲軸的零件所構成（有些部分支撐零件則另外安排），曲軸與活塞則藉由「連桿」所連結。汽缸體下方為油底殼，是整個引擎的底部。油底殼也是貯存潤滑引擎內部機件的機油的容器。

汽缸蓋設置凹槽，以對應汽缸體中的汽缸筒部分，凹槽部分即為燃燒室。凹槽內設置進排氣口等管道，設置孔穴以容納火星塞突出的電極部分及進排氣汽門。汽缸蓋內部也有可容納控制所有進排氣的汽門系統。汽缸蓋上部設置汽缸蓋罩，用以保護內部零件，防止汽門系統等的潤滑油飛濺於外。

■ 圖 1　引擎的基本結構

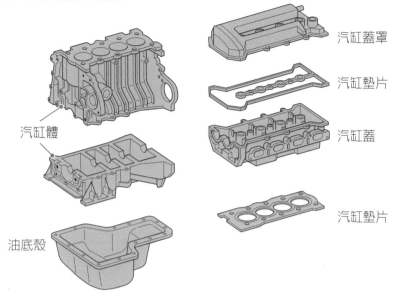

汽缸蓋罩

汽缸墊片

汽缸蓋

汽缸體

汽缸墊片

油底殼

為了提升氣密程度，汽缸體與汽缸蓋之間，汽缸蓋與汽缸蓋罩之間均設置汽缸墊片。

■ 圖 2　引擎的上部結構

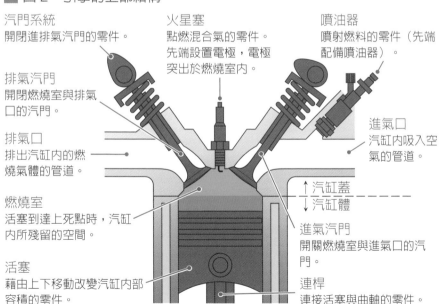

汽門系統
開閉進排氣汽門的零件。

火星塞
點燃混合氣的零件。
先端設置電極，電極
突出於燃燒室內。

噴油器
噴射燃料的零件（先端
配備噴油器）。

排氣汽門
開閉燃燒室與排氣
口的汽門。

進氣口
汽缸內吸入空
氣的管道。

排氣口
排出汽缸內的燃
燒氣體的管道。

汽缸蓋
汽缸體

燃燒室
活塞到達上死點時，汽缸
內所殘留的空間。

進氣汽門
開關燃燒室與進氣口的汽
門。

活塞
藉由上下移動改變汽缸內部
容積的零件。

連桿
連接活塞與曲軸的零件。

在受到汽缸與活塞包圍的空間內產生力量

〜燃燒室與排氣量〜

　　燃燒室的形狀會影響進排氣的流動方式，以及燃料與引擎所吸入空氣的混合方法。此外，表面積愈大，燃燒所產生的熱能就愈容易遭汽缸體搶奪。過去，車廠曾開發出各種形狀的燃燒室，現在普遍設計成「屋脊型燃燒室」。如圖1所示，燃燒室的頂部以三角形為基本形式，各車廠再視需要斟酌修改細部形式。

　　活塞往返於汽缸內部的上下死點之間。活塞到達下死點時，汽缸內部的容積稱為「汽缸容積」；活塞到達上死點時則稱為「燃燒室容積」。汽缸容積扣除燃燒室容積即為四行程一連下來所吸入的空氣量＝所排放的燃燒氣體量。單支汽缸的「排氣量」乘以引擎的總汽缸數就等於引擎的總排氣量。

　　另外，汽缸容積與燃燒室容積的比稱為「壓縮比」。壓縮比愈高，可轉換出來的動能也就愈多，可以提升效率。但是，汽油引擎過度提高壓縮比會造成汽缸內的混合氣過度升溫，導致爆震現象，也就是混合氣在火星塞點火前產生自燃的現象。假如混合氣在活塞到達上死點以前就開始燃燒，那麼燃燒氣體一開始膨脹，引擎就不能正常運作。因此，汽油引擎的壓縮比一般設定在 8：1 ～ 10：1 之間。順帶一提，以自燃點火的柴油引擎的壓縮比一般設定在 20：1。與汽油引擎相比，柴油引擎的壓縮比較高，因而可以獲得較高的動能。

■ 圖 1　屋脊型燃燒室

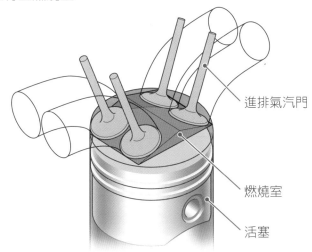

進排氣汽門

燃燒室

活塞

三角頂為屋脊型燃燒室的基本形式。車廠會利用電腦分析進排氣情形或混合氣的狀態再斟酌修改。

■ 圖 2　汽缸與燃燒室的容積

汽缸容積	燃燒室容積
活塞到達下死點時， 汽缸內的容積。	活塞到達上死點時， 汽缸內的容積。

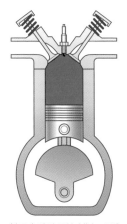

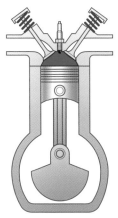

〈每支汽缸的排氣量〉
根據活塞從下死點到上死點之間的移動，
產生變化的汽缸內容積。

〈壓縮比〉
汽缸容積與燃燒室容積的比例。

汽缸愈多，輸出馬力愈大，引擎運轉愈順暢

~汽缸數與汽缸排列~

　　引擎的總排氣量愈大的話，可以供作燃燒的燃料量就愈多，進而提高引擎的輸出馬力。不過，假如只是提升汽缸的平均排氣量，恐怕會產生問題。原因在於，燃燒室內的混合氣無法同時全部燃燒，而是從火星塞的點火位置開始燃燒，由近到遠逐漸擴大燃燒範圍。所以，當汽缸的平均排氣量愈大，燃燒室的容積愈大時，火勢全面蔓延所需要的時間也就愈多，如此將導致引擎轉速難以提升。因此，車廠必須根據引擎所需要的輸出馬力設計引擎的總排氣量，再由總排氣量決定汽缸的數量。不過，部分車款之間也存在著引擎總排氣量相同，汽缸數量卻不同的現象。一般而言，訴求引擎運轉順暢、肅靜或高速迴轉能力的汽車，通常傾向採用多缸引擎。

　　多缸引擎的「汽缸排列形式」有數種，最基本的排列形式為「直列式」，即汽缸沿曲軸方向直立排列。直列式汽缸擁有構造簡單的優點。但是，一旦需要增加汽缸數量，就會造成整具引擎的全長大增，導致引擎室收納困難。此外，直列式汽缸的整體高度較高，也容易導致重心位置偏高。

　　半數汽缸直列，且全數汽缸以對半比例拆成兩列，呈 V 字形排列，並共用同一支曲軸的排列方式，稱為「V 型汽缸」。並列排成一排的汽缸則稱為「汽缸排」，汽缸排與汽缸排之間的夾角稱為 V 角。相較於直列式汽缸，V 型汽缸雖然得以抑制全長，卻不得不改而拓展寬幅。不過由於整體高度較低，所以 V 型汽缸還可以確保重心較低這項優點。另有 V 角呈 180 度的 V 型排列汽缸，稱為「水平對臥式汽缸」，優點是重心更低，缺點則是引擎的整體寬幅必須拉得更寬。

■ 圖 1　汽缸的排列方式

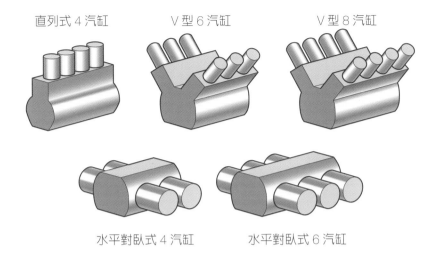

除了以上排列方式以外，（日本）國外車廠更發展出結合 2 組 V 型汽缸，全數擁有 4 排氣缸的 W 型汽缸引擎。

■ 圖 2　活塞的作動

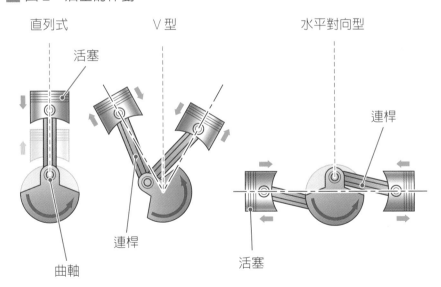

直列式汽缸排列以汽缸排與地面垂直為基本形式，但也有部分汽車採用汽缸排傾斜於地面的設計。

引擎產出動力時，
往復運動與迴轉運動的部分

~主驅動系統~

由汽缸體與汽缸蓋組成引擎的基本構造中，從事作動的零件，如活塞、連桿、曲軸等合稱為「主驅動系統」。

活塞為圓筒結構，筒徑只比汽缸內徑稍微窄一點。為了輕量化，活塞筒內中空，形狀類似倒放的馬克杯，在連桿與活塞連接的活塞銷部分有補強措施。活塞鑲嵌在活塞環內，用以保持燃燒室的氣密性，同時也避免潤滑油進入燃燒室。

曲軸的迴轉部分稱為「曲軸頸」，與連桿連接的部分稱為「曲軸銷」，與工作臂連接的部分稱為「曲軸臂」。由於曲軸銷的位置偏離迴轉中心，直接迴轉會引起震動，所以曲軸銷的對面位置必須「配重」，以取得平衡。

連桿是兩端設計成環狀結構的桿子。鑲嵌活塞的部分稱為「小端」，鑲嵌曲軸的部分稱為「大端」。同樣是為了輕量化，連桿兩端環狀部分的橫截面通常設計成Ｉ字形結構。

曲軸的形狀決定各個汽缸的作動順序。由於從最外緣的汽缸開始依序進入燃燒與膨脹行程會產生扭轉曲軸的力量，因此在設計上，會盡可能分散燃燒與膨脹行程，以確保曲軸承受均等力量為考量，安排各汽缸的作動順序。各汽缸作動的順序即為「點火順序」。

■ 圖 1　汽缸排列

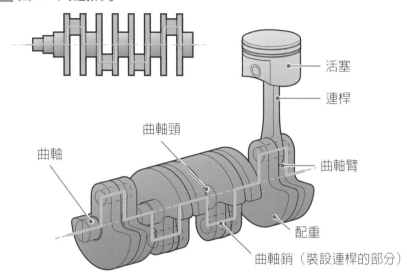

活塞

連桿

曲軸頸

曲軸

曲軸臂

配重

曲軸銷（裝設連桿的部分）

■ 圖 2　點火順序

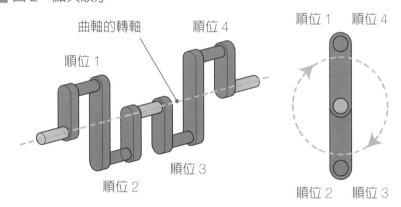

曲軸的轉軸

順位 4

順位 1

順位 3

順位 2

順位 1　順位 4

順位 2　順位 3

直列式 4 汽缸中，也有部分汽缸設計成相鄰的汽缸接連進入燃燒與膨脹行程。點火順序除了圖示的 1→2→4→3 以外，也有做 1→3→4→2 的例子。

曲軸迴轉角度		第一次迴轉		第二次迴轉	
		0~180 度	180~360 度	360~540 度	540~720 度
汽缸	No.1	燃燒	排氣	進氣	壓縮
	No.2	壓縮	燃燒	排氣	進氣
	No.3	排氣	進氣	壓縮	燃燒
	No.4	進氣	壓縮	燃燒	排氣

配合四行程開閉，控制進排氣時間

～進、排氣汽門～

　　開關進、排氣汽門的機關稱爲「汽門系統」，相對於主驅動系統，也可稱爲「汽門（傳動）機構」。汽門本身是由稱爲「汽門系統」的桿部，以及稱爲「汽門頭」的圓形構造物所組成。汽門頭可以鑲進燃燒室的進排氣口。汽門系統內設置彈簧，稱爲「汽門彈簧」，以便汽門保持關閉狀態。

　　這些汽門必須由「凸輪機構」開啓。凸輪機構可以將迴轉運動變換成直線運動，是各種機械必備的主要機件之一。假如搭配使用彈簧，凸輪機構也可以將迴轉運動變換成往復運動，但是無法像曲軸機構那樣將往復運動變換成迴轉運動。汽門系統所使用的「凸輪」的剖面爲蛋形。蛋形凸輪擁有突出部分，因此它的迴轉中心到外周之間的距離並不均等。凸輪銜接在汽門的後端。當凸輪迴轉至凸出部壓迫汽門後端的時候，汽門就會開啓。如此，凸輪直接壓迫汽門後端的方式稱爲「直壓式」。另外也有透過槓桿的桿臂壓迫汽門的方式，依支力點與力點的配置情形又可分爲「swing arm 搖臂式」或「rocker arm 搖臂式」。

　　部分引擎設計每支汽缸各擁有 1 個進、排氣汽門，不過現在以每支汽缸各擁有 2 個進、排氣汽門，即 4 汽門式汽缸爲主流。在有限的燃燒室面積中，4 汽門式汽缸可以確保進、排氣的圓形開口部的面積夠大。當然，進一步增加汽門數量的方法也是有的，只不過必須使用很小的零件才能達成，因此難免會使機械結構變得複雜。

■ 圖 1　凸輪的動作

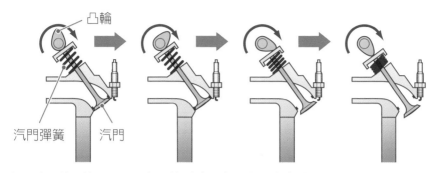

汽門隨凸輪迴轉而開啟，在凸輪到達最突出位置時達到最大開度，之後又隨著凸輪繼續迴轉而逐漸關閉。

■ 圖 2　凸輪軸驅動方式

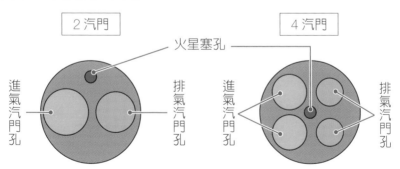

■ 圖 3　2 汽門與 4 汽門

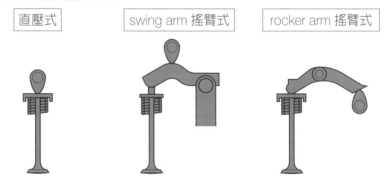

4 汽門可以獲得比較大的總開口面積，而且火星塞的電極位於燃燒室的中央位置，可以將混合氣燃燒蔓延的距離縮到最短。

02-08 藉由曲軸的迴轉來開閉凸輪

汽門系統應用在汽車引擎中必須搭配串聯數顆凸輪的「凸輪軸」。凸輪軸上有「凸輪軸皮帶盤」，曲軸上有「曲軸皮帶盤」。透過「正時皮帶」，曲軸皮帶盤帶動凸輪軸皮帶盤。在4個行程連貫中，由於曲軸需要迴轉2週，而凸輪軸只需要迴轉1週，所以凸輪軸皮帶盤的直徑必須是曲軸皮帶盤的2倍。也有引擎不採用皮帶與皮帶盤，而改以鏈條與鍊輪齒取代之。

目前汽門系統以 OHC 頂置式凸輪軸式為主流。OHC 的英文全名為 Over Head Camshaft，因為凸輪軸位於上部引擎而得名。OHC 式中，只用1支凸輪軸的稱為 SOHC 單頂置式凸輪軸（Single Over Head Camshaft）式，使用2支凸輪軸的稱為 DOHC 雙頂置式凸輪軸（Double Over Head Camshaft）式。在 V 型汽缸引擎或水平對臥式引擎中，每汽缸排都會配備獨自的汽門系統。

SOHC 式汽門系統中，有進排兩方向的汽門皆由搖臂驅動的設計，也有其中一向汽門利用直壓式驅動，另一向汽門利用搖臂驅動的設計。進排氣汽門桿（與汽門之間）的角度會影響進排氣的流動，因此是影響引擎設計的重點要素。正因如此，在引擎設計上，SOHC 式的自由度就比較低，多半不得不把火星塞的電極設計成傾斜突出形式。

至於 DOHC 式汽門系統，雖然也有部分使用搖臂的例子，但是由於搖臂會受到慣性影響而運作不順，因此多半採用直壓式。DOHC 式的優點是在引擎設計上的自由度比較高，可以把火星塞的電極設計成垂直突出形式；缺點則是引擎的上部結構所占用的體積會因此而變大。

■圖 1　SOHC 單頂置式凸輪軸式

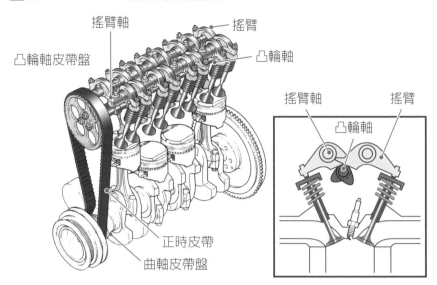

進排氣汽門皆由 rocker arm 式搖臂驅動另外也有結合 rocker arm 式搖臂與 swing arm 式搖臂，或是結合直壓式與 rocker arm 式搖臂的類型。

■圖 2　DOHC 雙頂置式凸輪軸式

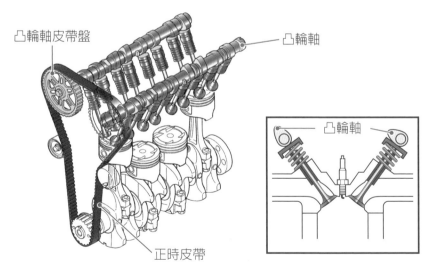

進排氣汽門皆為直壓式。另外也有合併使用 rocker arm 式搖臂與 swing arm 式搖臂的類型。

進排氣汽門的開閉存在著微妙的時間差
～汽門正時～

　　在介紹引擎的四個行程的時候已經說明過：進排氣汽門會在活塞抵達上死點或下死點的時候開啓或關閉。然而就引擎實際運轉情況而言，汽門的開關時機普遍設計成早開、晚關。這是爲了因應進排氣需求或汽門受到慣性影響的必要安排。汽門開關的時機稱爲「汽門正時」，汽門正時對應曲軸旋轉角度所描繪的圖稱爲「汽門正時圖」。

　　在進氣行程中，在活塞開始下降的瞬間，由於汽門不可能在初開啓時直接達到完全開啓狀態，再加上原本靜止的空氣也不可能立刻流動，因此必須安排汽門稍微提早一點時間開啓。當活塞到達下死點，接著開始要上升的時候，雖然汽缸內部壓力會逐漸增強，但是在持續流進的空氣流勝過汽缸內部壓力的這段期間，汽缸還是會持續進氣，導致汽門關閉時間延遲。

　　在排氣行程中，假如排氣汽門在活塞上升以前開啓，那麼的確得擔心燃燒氣體壓力逸散。但事實上，由於活塞抵達下死點附近時，燃燒氣體的壓力已經停止上升，所以燃燒室並不會損失燃燒氣體的壓力。即使汽缸開始進氣，排氣汽門也會暫時維持開啓狀態。如此便可收到藉由燃燒氣體強勢流出而吸引空氣流入，並利用流入的空氣將燃燒氣體推擠至外的效果。如上，進排兩汽門同時處於開啓稱爲「汽門重疊」期間。

　　不過也有引擎設計是趁汽門重疊期間特地把燃燒氣體留下來，以提高油耗表現，同時減少空氣汙染物質。總之，最佳汽門正時會配合引擎的運轉狀態而改變。所謂「可變汽門系統」，便是一種可以依照目前情況改變汽門正時或汽門開啓狀態的汽門系統。目前，汽車引擎配備可變汽門系統已有增加的趨勢。

■圖1　汽門正時圖

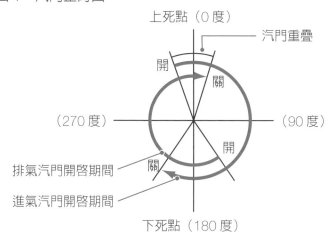

以上死點為 0 度，對應曲軸的旋轉角度繪製而成的圖。

■圖2　進氣的流動與排氣的流動

汽門提早開啓，於活塞到達上死點附近時全部開啓。

汽門全開，進氣中。

利用燃燒氣體流出的氣流持續排氣。

活塞超過上死點後，汽門全開。

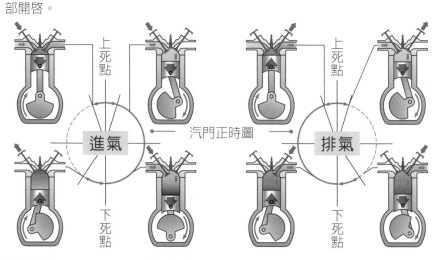

活塞超過下死點後，汽門關閉。

即使壓縮行程開始，依然可利用空氣的氣流持續進氣。

汽門全開，排氣中。

提早開啓汽門以利迅速排氣。

~引擎本體與輔機~

汽車引擎以汽缸體與汽缸蓋構成主體架構，加上主驅動系統與汽門傳動機構即構成「引擎本體」。然而，引擎無法單憑本體部分發揮機能，還需要「輔機類」裝置才能真正運轉。

汽車引擎的輔機類裝置包含：協助導入空氣以供應燃燒所需的「進氣系統」；使燃燒氣體順暢排出的「排氣系統」；供應燃料的「燃料系統」；點燃燃料的「點火系統」；協助維適當溫度的「冷卻系統」；幫助內部零件順暢作動的「潤滑系統」；促使引擎開始運轉的「起動系統」；發電、蓄電以供點火或起動等裝置所需電力的「充電系統」。部分引擎甚至加裝渦輪增壓器等「增壓系統」。另外，控制引擎的「電腦」在以往只被視為燃料系統的一部分，現在則晉升為重要輔機裝置。汽車引擎的輔機有些裝設在引擎本體，有些獨立裝設於引擎本體之外。關於這些輔機類的裝置，在之後的篇章會有詳細的說明。

開發引擎不僅需要投注金錢成本，也非常耗費時間。因此目前已有車廠利用相同的汽缸體搭配不同的汽缸蓋，藉此改變燃燒室的形狀或汽門系統，而開發出重視油耗表現或輸出馬力等不同特性的引擎。在輔機方面，車廠也會藉由置換不同的進氣系統、排氣系統、燃料系統、點火系統等輔機，變換引擎的性能。另一方面，由於大量生產降低造價成本，目前也有不同的引擎共用同一款充電或起動等裝置的例子。至於其他輔機，以零件為單位的共用零件已成為各車廠的研發趨勢之一。

■圖 1　引擎本體與輔機類

進氣系統	燃料系統	冷卻系統
順暢導入空氣以供引擎燃燒所需的裝置。	貯存燃料，將燃料變成易燃狀態後再供給引擎的裝置。	預防引擎過熱，並維持引擎於適當溫度的裝置。

排氣系統	點火系統	潤滑系統
使燃燒氣體順暢、安全且安靜排出的裝置。	利用充電系統的電力點燃燃料的裝置。	使引擎內部零件順暢作動的裝置。

引擎必須借助各種輔助裝置才能發揮機能。

起動系統	增壓系統	引擎本體
由外部提供引擎起動所需力量的裝置。	以壓縮的方式增加進氣量，藉以提高引擎效能的裝置。	由汽缸體、汽缸蓋、主驅動系統、汽門傳動系統所構成，是引擎的基本結構。

充電系統	電腦	
發電並蓄電，以供應引擎等機械所需電力的裝置。	控制引擎各部分運作，例如燃料供給或點火時機等的設備。	

直列六缸引擎

　　「直列六缸引擎」（簡稱直六引擎）目前已經逐漸退出客車引擎。取而代之興起的是V型6汽缸引擎（簡稱V6引擎）。

　　在結構上，直六引擎擁有即使擴大總排氣量，也不容易產生震動或噪音的優點。只可惜，直六引擎始終無法改善迴轉軸方向的長度。為了在車禍發生時可以利用車頭吸收車禍的撞擊力道，目前的汽車皆設計為車頭可潰縮式。假如以直立方式配置直六引擎（引擎的迴轉軸與車輛的前後向平行），那麼車頭的可潰縮空間將難以確保。然而V6引擎不但可以確保車頭的潰縮空間，還是直立、橫臥兩相宜的引擎。對於近來的降低成本潮流，V6引擎便毫無疑問地站上了引擎形式的主流地位。

　　目前，海外依舊仍有車廠採用直六引擎，不過在日本，就只剩下引擎室空間比較寬裕的越野車種願意繼續搭載直六引擎。

▌直列六缸引擎

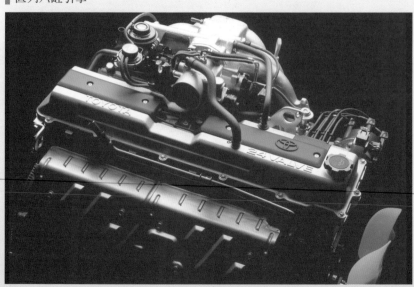

第 **3** 章

引擎運轉的
基本機械原理

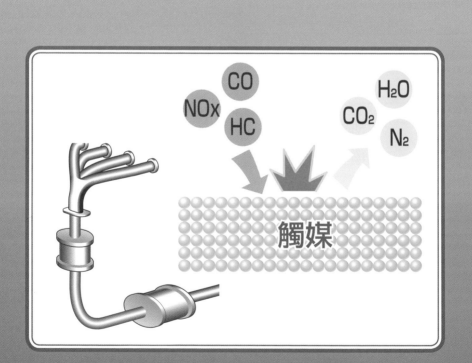

CO

NOx

HC

H₂O

CO₂

N₂

觸媒

供應引擎流暢且乾淨的空氣

～進氣系統～

　　引擎進入進氣行程，活塞下降後，汽缸內的壓力隨之下降，所以引擎能夠順勢吸入空氣。這股將空氣吸入的力量稱為「進氣負壓」。由於為負壓，進氣系統的基本任務就是製造空氣流路。空氣流路過窄或過彎都會導致引擎在吸入空氣時遭遇阻力（進氣阻力），造成活塞損失大增而降低引擎的效率，所以在設計上有必要盡可能使空氣流通順暢。

　　進氣系統由空氣導入口、空氣濾清器、節流閥、進氣歧管等零件組成，各項零件之間以樹脂或橡膠製的粗管子「導氣管」連結。空氣導入口通常安排在引擎室中，雨天也不易遭雨水侵入的地方。

　　空氣濾清器是去除空氣中異物的裝置。除了枯葉、砂粒等體積稍大的異物，空氣也會挾帶細微的異物，有些原本就屬於堅硬質地，有些則是經過燃燒變成堅硬質地。硬質異物進入引擎會磨損活塞等零件，使進排氣汽門開口部產生間隙，或阻塞噴油器，所以引擎必須利用不織布等材質的濾網濾除空氣中的異物。

　　所謂歧管，是指原本為單一管路，卻在中途分歧成數條支管的管子。部分 V 型引擎或是水平對臥式引擎的各個汽缸排擁有獨立的歧管。進氣歧管中某些支管的氣流會對其他支管的氣流產生不良影響。為了減輕不良影響，進氣歧管的前方通常會安排箱形空間，即「調壓箱（surge tank）」。

■圖 1　進氣系統

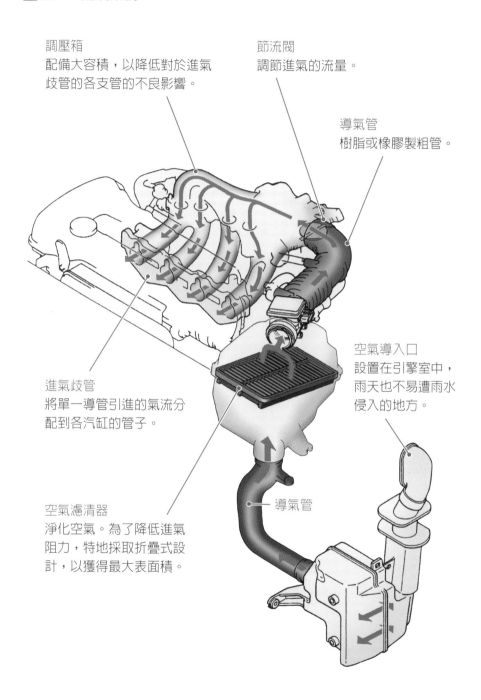

調壓箱
配備大容積，以降低對於進氣
歧管的各支管的不良影響。

節流閥
調節進氣的流量。

導氣管
樹脂或橡膠製粗管。

空氣導入口
設置在引擎室中，
雨天也不易遭雨水
侵入的地方。

進氣歧管
將單一導管引進的氣流分
配到各汽缸的管子。

空氣濾清器
淨化空氣。為了降低進氣
阻力，特地採取折疊式設
計，以獲得最大表面積。

導氣管

～節流閥～

　　汽車引擎的轉數必須由駕駛人踩踏油門踏板調控。換句話說：駕駛人必須透過油門踏板將自己的意思傳達給引擎。油門踏板會把訊息傳遞給「節流閥」。節流閥是調整進氣量的閥門，呈圓板狀，位於圓筒狀的「節流閥體」中。駕駛人將油門踏板踏得愈底，節流閥的開啟程度愈大，進氣量也愈大。而電腦就是依照進氣量判斷要供給引擎多少燃料。

　　節流閥的開度小，進氣量只有一點點而已，進氣流當然難以順暢，導致進氣阻力大增，造成活塞損失。有時，基於節省油耗等目的而要求更高度的引擎控制時，藉由踩踏油門踏板決定節流閥的開啟程度所決定的進氣量，與從油門踏板的下踩程度推定駕駛人的意圖所而判斷的最佳進氣量，以上兩者之間可能會出現落差。因此，目前已有愈來愈多車款搭載「電子控制式節汽門系統」。另外也有棄用節流閥，改而藉由進氣汽門的開啟程度控制進氣量的方式。

　　以上系統都是在油門踏板裝設感應器，將油門踏板的下踩位置或速度當成駕駛人的意思傳達給電腦。電腦再根據這份資訊決定進氣量與燃料供給量。假如是電子控制式節汽門系統，就是由電腦對配備節流閥的馬達下指定，以調整節流閥的開啟程度。假如是藉由進氣汽門調整進氣量的系統，就是由電腦對可變汽門系統下達指令。

■ 圖 1　節流閥

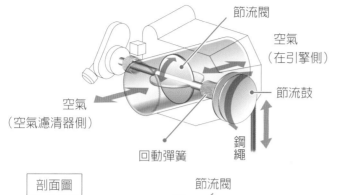

節流閥

空氣
（在引擎側）

節流鼓

空氣
（空氣濾清器側）

鋼繩

回動彈簧

剖面圖

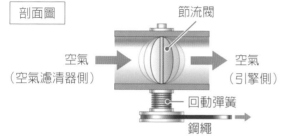

節流閥

空氣
（空氣濾清器側）

空氣
（引擎側）

回動彈簧

鋼繩

油門踏板的下踩情形藉
由鋼繩傳達至節流閥體
後，節流閥便會旋轉。
油門踏板回復原始位置
以後，節流閥便會在彈
簧的作用之下關閉。

■ 圖 2　電子控制式節汽門系統

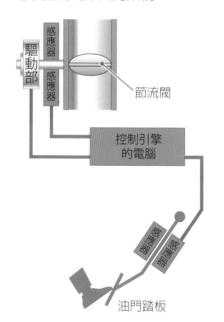

感應器

驅動部

感應器

節流閥

控制引擎
的電腦

感應器

感應器

油門踏板

油門位置感應器會感應
駕駛人踩踏油門踏板的
位置。節流閥的開啓程
度由電腦控制。節流閥
由馬達驅動，內部配備
油門位置感應器，以確
認動作是否正確。

排氣不順暢將導致
次回燃燒不正常

~排氣系統~

燃燒氣體從汽缸排放出來後稱為「廢氣」（也有自排氣行程開始就稱為廢氣的說法）。廢氣是高溫高壓的氣體，直接排放不僅會發出巨大噪音，其高溫也會對周遭造成危險。而且廢氣中含有空氣污染物質，必須淨化以後才能排出。當然，燃料氣如果不能順利排出，便會導致引擎無法充分引進新的空氣。

排氣系統由：「排氣歧管」、淨化廢氣的「觸媒轉化器」、減低排氣噪音與熱能的「消音器」等零件所組成，各項零件之間由金屬製「排氣管」銜接。假如其間有部分管路過度細窄或彎曲，將導致排氣系統內部壓力（排氣壓力）升高，造成排氣不順，所以在設計上要盡可能考量整體排氣的流暢性。

排氣歧管的功用在於收集各汽缸的廢氣，與進氣歧管同樣用有分歧的支管。各支管與汽缸蓋的排氣口相連。與進氣相比，各汽缸的排氣流通常會相互影響。假如某汽缸的排氣，以及接下來輪到點火順序的汽缸的排氣雙雙來到歧管的匯流處相遇，就會嚴重影響排氣流暢，也就是所謂的「排氣干擾」，所以排氣歧管各支管的長度或彎曲度都需要經過周延的設計。排氣歧管的各支管並非直接匯流至主管，而是分成兩階段匯流，在第二階段才全數匯流。第二階段的匯流是在排氣管中進行，而非在歧管中。

■圖1　排氣系統

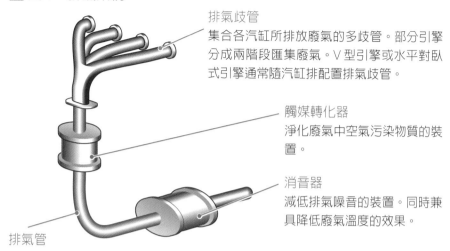

排氣歧管
集合各汽缸所排放廢氣的多歧管。部分引擎分成兩階段匯集廢氣。V型引擎或水平對臥式引擎通常隨汽缸排配置排氣歧管。

觸媒轉化器
淨化廢氣中空氣污染物質的裝置。

消音器
減低排氣噪音的裝置。同時兼具降低廢氣溫度的效果。

排氣管
部分引擎擁有數支排氣管，並於中途設置匯流點。部分V型引擎或水平對臥式引擎隨汽缸排配置完全獨立的雙系統排氣系統。

■圖2　排氣干擾

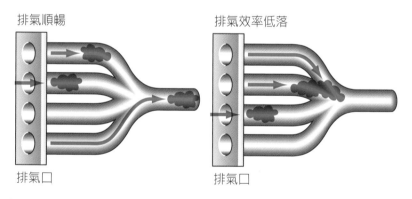

排氣順暢　　　　　　　　排氣效率低落

排氣口　　　　　　　　　排氣口

設計不當會產生排氣干擾，阻礙排氣順暢。

廢氣再循環裝置

現在，部分引擎積極將廢氣留在汽缸內，甚至與進氣混合，達到降低燃燒溫度，減少冷卻損失，兼求方便淨化空氣污染物質的多重效果。此種廢氣淨化方法稱為廢氣再循環，英文簡稱EGR（Exhaust Gas Recircuration）。

將有害物質轉化爲無害物質，避免空氣汙染

~觸媒轉化器~

引擎廢氣包含空氣污染物質，例如：不完全燃燒所產生的一氧化碳（CO）、燃料燃燒所剩餘的碳水化合物（HC）、燃燒室內的高溫促使氧原子與氮原子結合產生的氮氧化物（NOx）。一部汽車搭會載許多廢氣淨化裝置，其中最主要的是設置於排氣系統中的「觸媒轉化器」。

所謂觸媒，是本身不會變化，卻能促使周遭物質產生化學反應的物質。汽車引擎的觸媒轉化器使用鉑（白金，Pt）、銠（Rh）與鈀（Pd）作爲觸媒。廢氣管路內設置許金屬格板，格板表面附著許多觸媒。

在觸媒轉化器內，上述三種空氣污染物質發生化學反應以後會變成二氧化碳、水或氮氣，三種物質皆爲無害物質。由於可促使三種物質發生化學反應，所以這種觸媒又稱爲「三元觸媒」。不過，假如上述三種空氣汙染物質沒有依照某一定比例存在，就會發生無法完全淨化便遭排出，因而汙染空氣的情形。以上三種大氣汙染物質的存在比例可以藉由廢氣中的氧氣含量推估得知，因此目前的排氣系統會在排氣管路中設置氧氣感測器，並將數據提供給電腦作爲調控燃燒狀態，以便達到最佳燃燒狀態的依據。

觸媒在低溫環境無法充分發揮機能。爲了迅速溫熱觸媒，觸媒轉化器通常設置在排氣歧管的正後方。但是，由於觸媒在過熱環境下同樣無法正常發揮機能，所以觸媒轉化器必須配備廢氣溫度感測器，以便監測環境溫度。

■圖1　三元觸媒

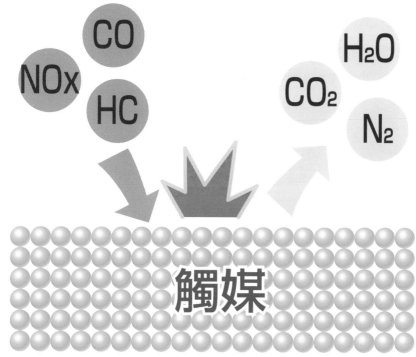

觸媒本身完全不會發生變化，卻能促使以上三種空氣汙染物質發生化學反應。

■圖2　觸媒轉化器

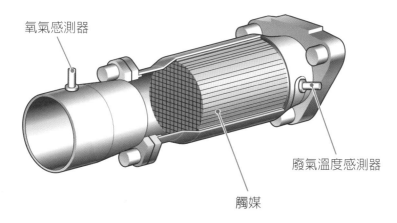

氧氣感測器

廢氣溫度感測器

觸媒

為了獲得與廢氣接觸的最大表面積，觸媒轉化器採用網格結構。

降低廢氣的壓力與溫度，安靜且安全地排放廢氣

~消音器~

　　廢氣是高溫、高壓的氣體，一旦釋放至空氣中便會膨脹，因而發出噪音。「消音器」的功用便是減低排放廢氣產生的噪音。消音器採用的消音方式有三種：「膨脹式」、「共鳴式」與「吸音式」。大多數的消音器是採三種並用。

　　消音器內分隔成數個隔間，稱為「膨脹室」，膨脹室之間以管路連結。由排氣管進入膨脹室的廢氣雖然會因為進入較寬闊的空間而膨脹，但是由於可膨脹空間受限，因此所能產生的噪音也有限。藉由使廢氣依序通過數個膨脹室，分數個階段降低壓力以抑制噪音的消音方式，即為膨脹式。

　　此外，膨脹室內也採用玻璃纖維製成的吸音素材，讓噪音與大面積的吸音素材接觸，以吸收音波的動能（將動能轉換為熱能），藉以降低噪音的音量。而此消音方式稱為吸音式。

　　反覆波峰、波谷的音波一旦與波峰、波谷位置恰好相反的音波（位相逆轉的音波）相遇便會遭到抵消，導致音量降低。膨脹室內所發生的噪音碰到內壁之後會反射回來，假如反射回來時的音波大小與位相剛好相逆，就可以發揮消音效果。如此消音方式稱為共鳴式。但是，可以抵消的音頻（聲音的高低）取決於膨脹室內壁的距離等條件。因此，消音器內的膨脹室通常設計成各種大小，以便消除各種音頻的聲音。

■ 圖 1　消音方式

膨脹式消音法
使廢氣依序進入各膨脹室，經歷數階段的膨脹過程，便可降低噪音生成，同時也可兼收降低廢氣溫度之效。

共鳴式消音法
藉由噪音碰觸膨脹室內壁後反射回來、位相恰巧相反的回音抵消原本產生的噪音，以收取抑制噪音音量的效果。

吸音式消音法
使廢氣膨脹所發生的噪音通過吸音素材，或與吸音素材碰撞，藉以吸收噪音的動能，以達到抑制噪音音量的效果。

■ 圖 2　消音器的構造

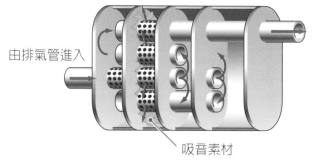

由排氣管進入

消音器截止閥
（廢氣的最終出口）

吸音素材

排氣聲浪（exhaust note）

排氣所發出的聲音假如以噪音的角度來看待便稱為「排氣噪音」；假如把它看待成悅耳的聲音便稱為「排氣聲浪」。一般認為汽車排氣所產生的聲音是噪音，因此希望能將排氣音量壓低。但跑車可就不同，反而訴求某種程度的排氣聲浪，講究排氣氣音質，因此特地在消音器上做了特殊設計，以創造出不會淪為噪音的排氣音質。

在最適當時機噴射供給
最適量的燃料

~燃油供給系統~

　　「燃油供給系統」是貯存燃料，並視需要將燃油供給至引擎的系統。由於現在普遍藉由噴嘴將燃油噴射至引擎內，所以又稱為「燃油噴射系統」。另外，由於燃油供給系統普遍以電腦控制為前提，因此又被稱作「電控燃油噴射系統」。

　　燃油，也就是貯存在「油箱」中的汽油。基於安全以及重量平衡兩大考量，客車的油箱通常設置在鄰近後座下方的位置。除了採用經過防鏽處理的金屬製油箱，目前採用樹脂製作的油箱也有增加的趨勢。油箱內部配備電動「燃油泵浦」，以便將燃油輸送至引擎。燃油流通的管路有「油管」和「燃油軟管」。

　　燃油藉由「噴油器」噴射至引擎內。噴油器藉由利用電子訊號來開關閥門，由電腦傳送電子訊號指示位於噴嘴先端的噴射孔噴射燃料。

　　燃油需要空氣（中的氧氣）助燃。燃油所需要的空氣與燃油的重量比例稱為「空燃比」。由汽油的成分計算汽油完全燃燒所需要的空氣量，可推知空燃比約為 14.8：1，不過這是「理論上需求的空燃比」。事實上，只要空燃比落在 5：1 ～ 20：1 之間，引擎就能作動。燃油溫度與燃燒速度會隨空燃比而變化，影響動力輸出與油耗表現。因此，實現最大動力輸出時所需要的空燃比，或是實現最佳油耗表現所需的空燃比與理論空燃比之間存在落差。因此，汽車需要電腦依照實際行駛狀態調整燃油噴射量，以達到最合適的空燃比。

■ 圖 1　燃油供給系統

油管
連接燃油軟管與噴油器，運送燃油的管路。

加油孔
對油箱補給燃油時所使用的孔。

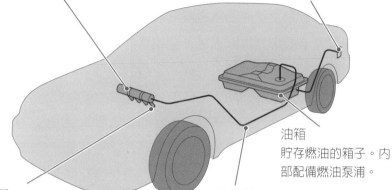

油箱
貯存燃油的箱子。內部配備燃油泵浦。

噴油器
依照電腦指示開啟或關閉，以將燃油噴射至引擎內的裝置。

油管與燃油軟管
將燃油自油箱輸送至引擎的管路。

■ 圖 2　空燃比

①動力輸出曲線
動力輸出功率會隨空燃比而改變。相較於理論空燃比，燃油稍微濃稠一點可以實現最佳動力輸出狀態。

③理論空燃比
由燃料與空氣的化學成分計算推估燃油完全燃燒所需要的空氣與燃油比例。

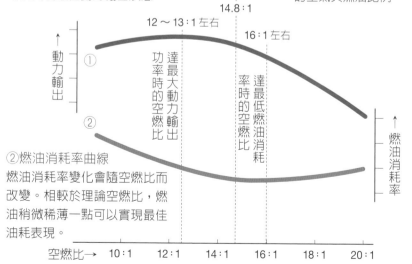

②燃油消耗率曲線
燃油消耗率變化會隨空燃比而改變。相較於理論空燃比，燃油稍微稀薄一點可以實現最佳油耗表現。

霧化燃油，
使燃油容易與空氣混合
～岐管噴射式與缸內直噴式～

　　一般汽車引擎會將噴油器設置在進氣口，在進氣行程噴射燃油，使燃料以混合氣的形態進入汽缸。這種燃油供給的方式稱為「岐管噴射」。零件名稱雖為噴油器，其實主要是利用進氣負壓吸入燃油，所以不需要對燃油施加多高的壓力。

　　燃燒燃油之前必須先汽化燃油。燃油是在變成細緻的油霧以後才噴射出去，由於表面積大增，所以很容易汽化。有鑑於油霧粒子愈細緻，混合氣愈容易擴散，噴油器的噴射孔總是設計得非常細小。有些噴油器為了噴出更細緻的油霧，甚至採用多孔噴射設計。

　　部分引擎採取「缸內直噴式」。這種方式又稱為「直噴式」，噴射時機為壓縮行程結束前後，直接對燃燒室內噴射。岐管噴射式（註：又稱為多點噴射式）可能因為燃油附著在進氣口的壁面或汽門上，或是噴射時機太遲而進入汽缸，但缸內直噴式就沒有這類問題，而且也可以精密地控制燃油的噴射量。此外，缸內直噴式也比較不需要擔心燃油在壓縮行程中自然著火，因此可以藉由提高壓縮比的方式提升引擎效率。

　　由於噴射燃油是在汽缸內壓力高張的狀態下進行，非一般燃油泵浦的壓力所能勝任，所以引擎旁邊必須增設高壓噴射泵浦應付。另外，在引擎轉數過低的情況下，單憑缸內直噴式可能發生燃油與空氣無法充分混合的情形。因此多數引擎選擇在燃燒室的進氣口兩側皆設置噴油器，視情況需要合併採用岐管噴射式，以避免燃油與空氣混合不均。只是，如此除了必須增加零組件以外，汽缸附近的構造當然也會變得更加複雜。

■ 圖 1　噴油器

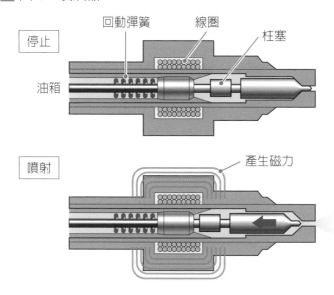

電流流經線圈產生磁力，吸引鐵製零件柱塞靠近，使前端閥門開啓。電流不流通時磁力消失，即可藉由回動彈簧的彈力關閉閥門。

■ 圖 2　岐管噴射與缸內直噴

岐管噴射式
燃油在進氣行程噴射至進氣口內，與空氣一起被吸入汽缸中。

缸內直噴式
燃油在壓縮行程噴射至汽缸中。汽缸在進氣行程只吸入空氣。

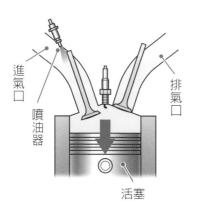

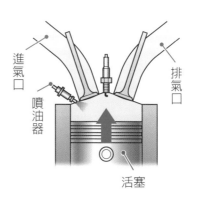

利用高壓電流放電，
產生火花點火

~點火系統~

　　汽油引擎開始燃燒與膨脹行程需要先將混合氣點燃。執行點火的裝置即為「點火系統」；點火作業包含升壓、配電與點火三階段。

　　汽車引擎是利用空中放電來產生火花，並且藉由火花來點火。要引起火花一定要有高壓電流才行。此外，汽車內配有各種需要電力的裝置，也必須配備充電系統。只不過為了安全起見，使用的是低壓電流（客車使用的是 12V 的電），也就是可以保存在電瓶內的直流電。因此點火系統必須先將低壓電流轉變成高壓電流以後才能使用。點火系統將電壓提高的作業稱為「升壓」。所謂「配電」，是在最佳時間點將升壓作業產生的高壓電流配送至各汽缸的火星塞。所謂「點火」，就是讓火星塞放電，產生火花。

　　升壓作業需要利用電磁的相互誘導作用。其原理在此省略不做說明。電磁所引起的以下作用稱為「相互誘導作用」。如圖 1 所示，兩線圈接連排列，且共用一支鐵芯。當直流電流經線圈 A 便停止，在那瞬間還是會有電流流至線圈 B，但是只限於那個瞬間。同樣的，假如瞬間對線圈 A 供應直流電，在那個瞬間直流電也會流至線圈 B。這時，「線圈 A 與 B 的圈數比例」等於「流經線圈 A 的電流的電壓與流至線圈 B 的電流的電壓」。點火用的放電所需要的高壓電只要非常短暫的瞬間供給便足夠，所以可以利用線圈的相互誘導作用進行升壓。藉由以上方法，點火系統便可以產出一萬伏特以上的高壓電。這時使用的線圈稱為「點火線圈」。

■ 圖 1　利用相互誘導作用的升壓

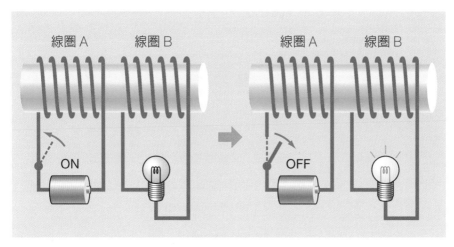

即使令直流電持續流經線圈 A，電流也不會流至線圈 B。但若藉由開關令電流流經線圈 A，即使只有一瞬間，也會有電流流至線圈 B。

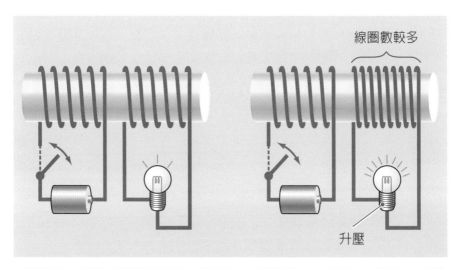

流至線圈 B 的電的電壓與「線圈 A 與線圈 B 的圈數的比」成正比。線圈 B 的圈數比較多即可升壓。但是，流至線圈 B 的電的電流就與「線圈 A 與線圈 B 的圈數的比例」成反比，所以電能並不會產生高低變化。

利用電腦阻斷或接續電流以產生高壓電流

～直接點火系統～

　　利用相互誘導作用來進行升壓，需要阻斷或接續低壓電流。早期的汽車必須使用機械式開關，藉由凸輪軸迴轉阻斷或接續電流。直到最近，配電也一直使用機械式開關，即運用凸輪軸的分電盤。然而，在引擎轉數變高，ON／OFF 的切換時機提早時，機械式開關很容易出現問題，連帶損壞開關本身。因此目前普遍採用「直接點火系統」，由電腦執行阻斷或接續升壓之用的電流及配電作業。

　　早期的點火系統必須藉由凸輪軸觸動機械式開關，點火時機很容易與各汽缸的活塞達成連動。至於直接點火系統，則必須透過感應器了解凸輪軸或曲軸的迴轉位置，以作為電腦發送電氣訊號至各汽缸以提示點火時機的基本資訊。

　　電腦所發送的電氣訊號屬於微弱電流，必須藉由稱為「點火器」的電氣迴路增幅，之後再傳送至點火線圈，將所產生的高壓電流輸送至火星塞執行點火作業。過去的點火系統分別將執行分電盤或點火線圈配置於不同的位置，因此必須利用高壓電線輸送高壓電流。然而，電線愈長，高壓電流的損失也就愈大，所能放電引起的火花也就愈微弱。有鑑於此，現在的直接點火系統便將點火器與點火線圈直接配置在各汽缸的火星塞附近，以便將損失縮減至最低限度。

■ 圖 1　點火系統的功用

發電機	升壓	配電	點火
充電系統	將充電系統供給的低壓電流轉變成可以放電、引起火花的高壓電流。	在最適當的時機將高壓電流輸送至火星塞，以利各汽缸點火。	利用高壓電流對空氣放電以產生火花，藉由火花點燃混合氣。
電瓶			

■ 圖 2　直接點火裝置

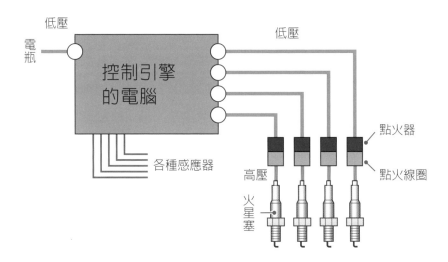

點火所需的低壓電流的接續或阻斷，以及點火時機皆由電腦控制。如此也可將輸送高壓電流的距離縮減至最短。

■ 圖 3　點火線圈

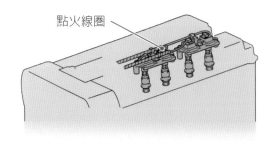

將點火線圈與點火器配置於火星塞的上蓋部分。

利用造成細且尖的電極激發強烈火花

~火星塞~

　　裝設於引擎的汽缸中，利用放電產生火花，以執行點火的最終零件是「火星塞」。

　　火星塞裝設在汽缸蓋的凹陷處，先端部分突出於燃燒室內。火星塞的先端部分配備實際進行放電的電極。位於火星塞中心部位的是圓筒形的「中心電極」，角棒呈 L 字形彎曲的部分爲「接地電極」。火星塞後端部位是讓正極的電流流向中心電極的「端子」；周圍爲金屬外殼，外罩上有組裝用的螺牙，或是架板手用的六角部位。爲了使兩者絕緣，中間配備陶瓷材質的絕緣體，外殼則是負極的電流的電路。

　　有角的邊緣部分或尖銳的部分比較容易放電，所以電極愈細窄，角邊愈銳利就愈容易放電。但是，由於電極在放電時必須承受衝擊，所以溫度會升至高溫。此外，細窄又尖銳的造型容易因爲受到衝擊而缺角，或是因爲高溫而熔化。過去，一般火星塞的電極採用鎳合金材質，限於材質的強度，尖細程度都受到侷限。因此，現在已經改而採用白金或是更堅固的銥（Ir）材質。這些材質雖然價格昂貴，但是可以做成又細又尖銳的造型，點火時可以激發強大的火花。除了火星塞的造型是否夠細夠尖外，伴隨燃燒產生的碳粒等污垢會附著於燃燒室內，也是造成火花較弱的原因。相較於過去的材質，白金或銥不僅可以適用於高溫狀態，在污垢部分還可以利用燒切方式清除。由自清作用或素材本身的堅硬程度，白金或銥材質的塞部可以暢行十萬公里都不需要維修保養。

■圖 1　火星塞

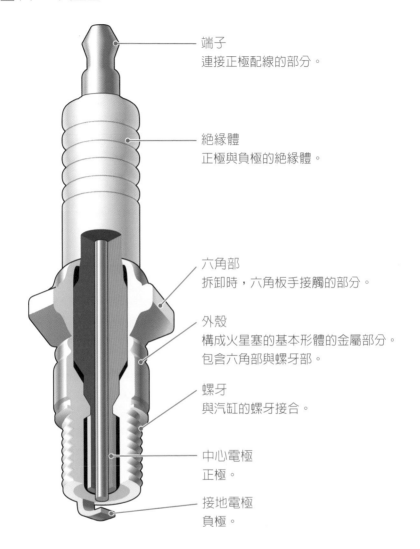

端子
連接正極配線的部分。

絕緣體
正極與負極的絕緣體。

六角部
拆卸時，六角板手接觸的部分。

外殼
構成火星塞的基本形體的金屬部分。
包含六角部與螺牙部。

螺牙
與汽缸的螺牙接合。

中心電極
正極。

接地電極
負極。

車體搭地線接地方式

火星塞所接觸的電線只有正極部分。負極的電線會通過車體或引擎，由火星塞的殼部傳導至接地電極。因此汽車的電器裝置只有正極部分使用電線，負極部分多利用車體。這種配線方式稱為車體搭地線。這種方式可以簡化配線，節省電線。

03-11 蒐集各種資訊以便控管引擎的狀態

～引擎電腦控制系統～

　　最早採用電腦以便控管引擎的是燃料系統。現在，其他多數系統也已經利用「電腦」執行「電子化控制」。例如點火系統便是利用電腦控制點火的時機，即「點火正時」。

　　本書曾在汽油引擎的四行程中說明：活塞移動至上死點即為點火時機。由於燃油的量會影響火勢擴散所需要的時間，引擎的迴轉數會影響汽缸內部壓力上升所需要的時間，因此，點火正時必須視情形略做調整。在導入電子化控制以前，引擎必須利用進氣負壓，或利用凸輪軸迴轉產生的離心力調整點火正時。

　　引擎應用電腦控制必須提供資訊以作為電腦判斷的依據。最基本的資訊便是曲軸與凸輪軸的迴轉位置。藉由「曲軸位置感知器」與「凸輪軸位置感知器」，電腦得以了解各汽缸的活塞所在位置。對於燃燒方面的控制，引擎所吸入的空氣量（進氣量）屬於重要的判斷依據，由稱為「空氣流量計」的感知器負責量測。由於溫度會影響空氣的密度，因此引擎配備「進氣溫度感知器」，以便掌握正確的空氣含氧量。另外，引擎的溫度也會影響燃油的汽化速度，因此引擎配備「節溫器」以便掌握冷卻系統的水溫。此外，車速與引擎轉數也是重要的資訊。總之，為了掌握行車狀況，現代汽車配備許多感知器，以擷取資訊作為電腦控制的依據，實現高性能、低油耗、低空氣汙染、高操控便利性等多項性能。

▉ 圖 1　各種感測器與引擎電腦控制系統

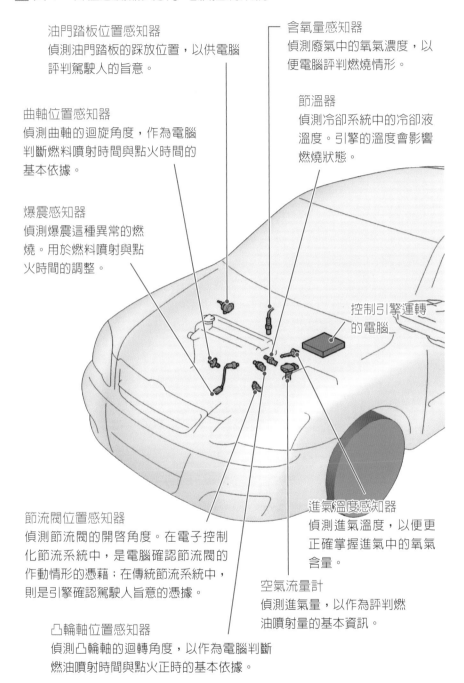

油門踏板位置感知器
偵測油門踏板的踩放位置，以供電腦
評判駕駛人的旨意。

含氧量感知器
偵測廢氣中的氧氣濃度，以
便電腦評判燃燒情形。

曲軸位置感知器
偵測曲軸的迴旋角度，作為電腦
判斷燃料噴射時間與點火時間的
基本依據。

節溫器
偵測冷卻系統中的冷卻液
溫度。引擎的溫度會影響
燃燒狀態。

爆震感知器
偵測爆震這種異常的燃
燒。用於燃料噴射與點
火時間的調整。

控制引擎運轉
的電腦

節流閥位置感知器
偵測節流閥的開啟角度。在電子控制
化節流系統中，是電腦確認節流閥的
作動情形的憑藉；在傳統節流系統中，
則是引擎確認駕駛人旨意的憑據。

進氣溫度感知器
偵測進氣溫度，以便更
正確掌握進氣中的氧氣
含量。

凸輪軸位置感知器
偵測凸輪軸的迴轉角度，以作為電腦判斷
燃油噴射時間與點火正時的基本依據。

空氣流量計
偵測進氣量，以作為評判燃
油噴射量的基本資訊。

專欄3　超稀薄燃燒模式

　　一般而言，空氣與油氣的空燃比必須調控在5：1至20：1之間，引擎才能運轉。相較於此，設法讓引擎在油氣濃度更低，即油氣稀薄的環境下運轉則稱為「稀薄燃燒」模式。一九九〇年代起，稀薄燃燒模式蔚為流行，後來甚至發展至空氣對油氣空燃比50：1，也就是所謂的「超稀薄燃燒」境界。

　　在定速巡航中，汽車並不要求引擎輸出巨大動力。在這種情況下，由於油門踏板的下踩程度較淺，節流閥的開放程度較小，因此會產生活塞損失。但是，假如執行超稀薄燃燒，那麼由於空氣量增加，節流閥得以放大開啟程度，所以可以減緩活塞損失，進而提升油耗表現。

　　在油耗表現方面，超稀薄燃燒模式雖然有助提升油耗表面，但由於是在氧氣含量較高的狀態下燃燒，因此會增加氮氧化合物的生成，造成傳統的三元觸媒無法完全予以淨化。這種情形當然可以新增氮氧化合物淨化裝置作為彌補措施，但是自從2000年起，廢氣法規加強規定以後，汽車製造業界便無法繼續採用稀薄燃燒模式。不過，當時因應稀薄燃燒模式所開發的各種技術，直至現在都還應用在現代引擎上。

■ 稀薄燃燒的例子

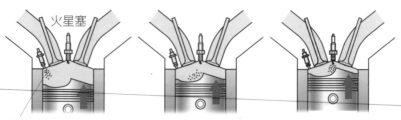

火星塞

燃油

將霧化燃油集中於火星塞附近，以提高燃燒時的空燃比。從整體空氣量來看，油氣非常稀薄的燃燒模式即稱為超稀薄燃燒模式。

第 4 章

引擎輔助機構

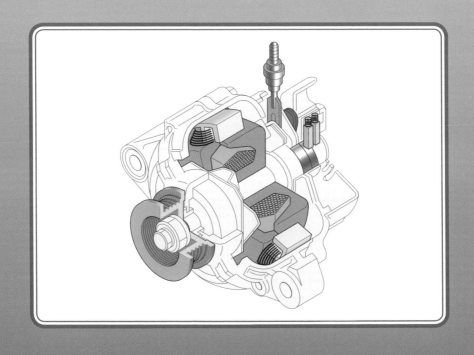

引擎過熱便無法正常運作

~冷卻系統~

　　汽缸所產生的熱能也會溫熱引擎本身。引擎因此過熱可能造成燃燒行程在火星塞點火以前就因為混合氣自燃而提早開始，導致引擎無法正常運作。引擎內部機件由潤滑系統中的機油負責潤滑。機油的黏稠性會因油溫升高而下降，變得容易流動。當潤滑油過熱時，機油將無法充分發揮潤滑作用，導致引擎機件因摩擦熱的消長而陷入「時而鎔化，時而又固著」的狀態。汽車的「冷卻系統」便是為了預防引擎機件陷入過熱狀態而存在的裝置。

　　冷卻液（即水箱水）的管路稱為「水套」，設置於汽缸體與汽缸蓋內部。冷卻液通過水套時會變熱，變熱的冷卻液會被輸送至位於引擎室最前方的「水箱」。水箱又稱為散熱器，上部與下部連結許多窄管。冷卻液於流經窄管時散熱（對周圍釋放熱能）、降溫。窄管周圍配備眾多金屬薄板製成的散熱片，以增加表面積方式提升散熱效果。冷卻液經由上述方式冷卻以後便會再次回到引擎內部。為了提升冷卻液的循環效率，冷卻系統於冷卻液的流路中途設置「水泵浦」。此水泵浦一般由引擎驅動。

　　為了利用行進風提高散熱效果，水箱通常設置在引擎室的最前方。由於汽車於慢速行駛或停車時，水箱本體的散熱效果自然會降低，冷卻系統便於水箱後面裝設散熱風扇作為因應。此散熱風扇一般為利用馬達驅動的電動風扇。

■ 圖1 冷卻系統

水泵浦
促進冷卻液循環的泵
浦。一般藉由引擎的
動力驅動。

水套
引擎內部提供冷卻液流
通的管路。

節溫器
依據冷卻液的溫度開啟
或關閉的閥門。功用為
維持冷卻液於適當溫度
（請參考第98頁）。

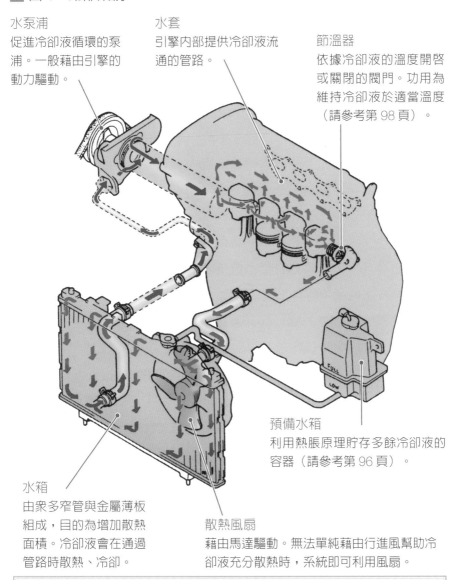

預備水箱
利用熱脹原理貯存多餘冷卻液的
容器（請參考第96頁）。

水箱
由眾多窄管與金屬薄板
組成，目的為增加散熱
面積。冷卻液會在通過
管路時散熱、冷卻。

散熱風扇
藉由馬達驅動。無法單純藉由行進風幫助冷
卻液充分散熱時，系統即可利用風扇。

水箱精（LLC）

一般的水就可以充當冷卻液使用。但是由於純水會在溫度降到0℃以下時凍結
成冰，體積膨脹，因而損壞冷卻系統，所以車主一般會添加水箱精（Long-
Life Coolant，耐久性水箱冷卻液之意）。水箱精兼具防腐作用。

確保冷卻液溫度升至100℃以上也不會沸騰

~加壓冷卻~

溫差愈大，熱能移動的速度愈快。假設車外氣溫相同，冷卻液藉由水箱散熱，那麼冷卻液中溫度較高的部分會有大量的熱能移動。換句話說，散熱效率高＝冷卻效率提高。然而，冷卻液的主要成分是水，因此當水溫超過100℃時，水便會沸騰成為氣體，阻礙熱能移動。只是糟糕的是，當水變成氣體以後，由於體積迅速膨脹，也會帶來損壞冷卻系統的風險。

在高山上，由於氣壓較低，水的沸點（液體沸騰汽化的溫度）會降到100℃以下。液體具有壓力愈低，沸點愈低；壓力愈高，沸點愈高的特性。基於這項特性，汽車提供了冷卻液密閉的管路環境。此外，液體同時具有隨溫度升高而體積膨脹的特性，所以在密閉管路中，冷卻液的壓力會隨著熱脹效應而升高，即使液溫到達100℃也不會沸騰，還能夠提高冷卻效率。以上冷卻方式即為「加壓冷卻」。

為了承受高壓，冷卻系統體必須非常堅固，而且多少得藉由增加重量方式才能達成。因此，為了降低重量增加的程度，冷卻系統便採用如下的設計：當冷卻液壓升高至一定程度以上時，系統要將多餘的冷卻液排放至冷卻管路外，以避免壓力過度上升，同時也確保冷卻液的溫度經常維持在110～120℃之間。

假如直接將冷卻液丟棄於冷卻管路之外，那麼在冷卻液溫度下降時，冷卻系統就會面臨到冷卻液不敷使用的情形，因此冷卻系統會配備「預備水箱」，以保存多餘的冷卻液。在一般情況下，冷卻系統會透過「加壓閥」與「負壓閥」調節冷卻液的流量。加壓閥與負壓閥皆位於水箱蓋上，當冷卻管路中的壓力上升至一定程度以上時，加壓閥便會開啟，將冷卻液輸送至預備水箱中；當冷卻管路中的壓力下降至一定程度以下時，負壓閥便會開啟，將冷卻液送回冷卻管路。

■ 圖 1　冷卻管路與預備水箱

高溫狀態下

當冷卻液溫度上升，冷卻管路內部的壓力升高至一定程度以上時，位於水箱蓋的加壓閥便會開啟，將冷卻液輸送至預備水箱中，避免壓力繼續上升。

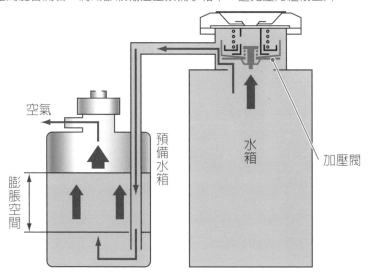

低溫狀態下

當冷卻液溫度降低，冷卻管路內的壓力降至一定程度以下時，位於水箱蓋的負壓閥便會開啟，將冷卻液自冷卻管路吸出至預備水箱中。

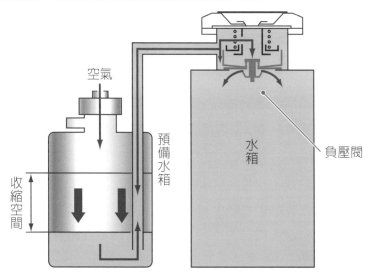

引擎溫度過冷的話，將會引發各種負面影響

~節溫器~

冷卻系統雖然以引擎的輔助機構的名義存在，但這不代表引擎冷卻絕對是好事。過度冷卻將導致冷卻損失大幅增加，降低引擎的輸出能力。冷卻系統的任務在於維持引擎於適當溫度。在起動引擎後，引擎尚未達到溫熱狀態，且車外氣溫又偏低的環境下，高速行駛汽車的話，引擎會有過冷的情況發生。這種情況稱爲「引擎過冷」。

在低溫狀態下，燃油不容易汽化，必須增加燃油噴射量才能應付，所以會導致油耗表現惡劣，也會導致空氣污染物質增加。此外，引擎內部機件會隨著溫度上升而略微膨脹。由於引擎機件是以在適溫狀態下作動爲設計前提。低溫狀態會造成活塞與汽缸之間的間隙過大，產生不正常摩擦而引發問題。

因此，在引擎起動後的短時間之內，冷卻系統會暫時停止運作。此外，冷卻系統會配備迅速暖機裝置，即「旁通管」與「節溫器」。旁通管的功用在於迂迴水箱的管路。水箱管路上裝設有可依溫度高低開關的閥門，即節溫器。當引擎溫度過低時，節溫器便會啓動，將冷卻液引導至旁通管路暫停散熱，並且迅速調節冷卻液的溫度。一般汽車節溫器的作動溫度會設定在 80℃。假如是專爲寒冷天候所設計的車輛，它的節溫器的作動溫度則會更高一些。

現代散熱風扇普遍採用馬達驅動，以方便電腦控制。當引擎處於低溫或適溫狀態時，風扇便會停止送風，暫停執行冷卻任務。

■ 圖 1　冷卻液的循環路徑

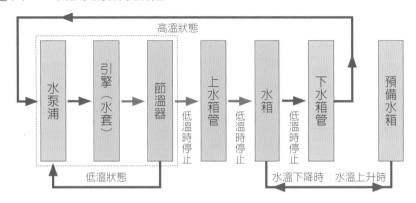

■ 圖 2　節溫器與旁通管

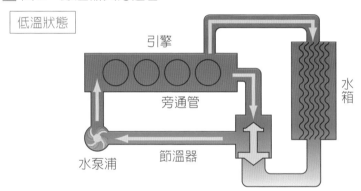

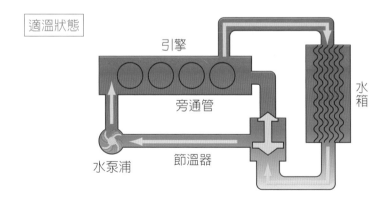

在低溫狀態下，節溫器的閥門關閉以後，冷卻液只會在引擎內部循環，不會通過水箱（旁通管與節溫器的配置除了上圖顯示以外，另有各種方式）。

~潤滑系統~

在引擎內部，活塞與汽缸屬於金屬與金屬互相接觸摩擦的零件。其他零件，例如凸輪或汽門系統，也會在引擎作動時與其他零件相互摩擦。另外，曲軸或凸輪軸之類的零件，因為擁有迴旋運動軸與支撐軸部的軸承，所以作動時兩者也會相互摩擦。上述的引擎零件在發生嚴重摩擦時，將會導致摩擦損失大幅增加。有關摩擦熱所帶來的種種影響，最嚴重的情況是導致零件過熱而鎔化。但是鎔化的零件卻會在冷卻後又彼此黏合，損壞到引擎。因此，引擎會配備「潤滑系統」，利用潤滑油降低摩擦程度，以維持機件作動順暢。

潤滑引擎的潤滑油稱為「機油」，貯存在汽缸體下方的油底殼中，由利用引擎驅動的「機油泵浦」往上吸出後，再輸送至引擎的各個部位。汽缸體與汽缸蓋之間設有輸送機油的管路，稱為「機油道」。機油會透過機油道被吹送至需要潤滑的零件上，或流經需要潤滑的零件周圍。潤滑過零件的機油則會順著零件滴落或沿著零件流回油底殼。

機油循環管路中會配備雜質濾除設備。「機油濾網」，便是專門過濾剛要被往上吸離油底殼的機油金屬濾網。另有不織布等材質的「機油濾清器」，負責濾除油底殼至機油道之間的雜質。

■圖1　機油的循環路徑

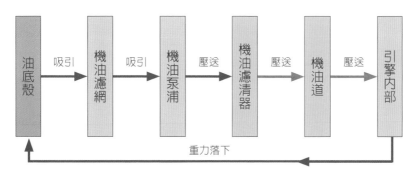

油底殼 →吸引→ 機油濾網 →吸引→ 機油泵浦 →壓送→ 機油濾清器 →壓送→ 機油道 →壓送→ 引擎內部

重力落下

■圖2　潤滑系統

機油噴嘴
噴射機油的小孔穴

機油道
引擎內部供機油流通
的管路。

機油濾清器
過濾設備，負責濾除機油
中的細微雜質。濾網為不
織布等材質。

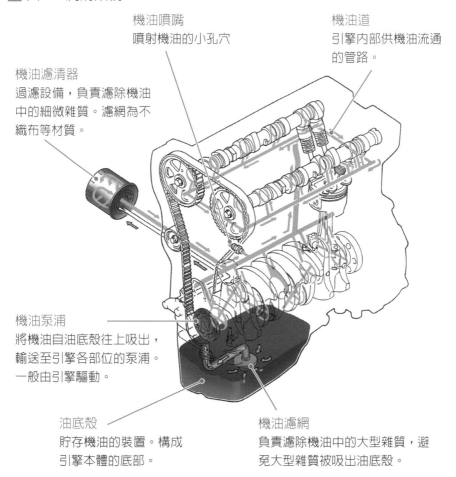

機油泵浦
將機油自油底殼往上吸出，
輸送至引擎各部位的泵浦。
一般由引擎驅動。

油底殼
貯存機油的裝置。構成
引擎本體的底部。

機油濾網
負責濾除機油中的大型雜質，避
免大型雜質被吸出油底殼。

除了潤滑之外，機油還兼具多項功能

~機油~

潤滑系統除了擁有名稱中指明的潤滑功能以外，還具備了其他多項功能。

爲了應付往復運動的需求，活塞的外徑會比汽缸的內徑稍微小一些。假如任由間隙存在，那麼進入壓縮行程時，混合氣便會從間隙外洩出來。此外，進入燃燒與膨脹時，壓力也會外洩。汽缸與活塞之間的間隙有機油進入填補，便可提高汽缸的氣密性。這便是機油的「氣密功能」。

機油也具有「冷卻功能」。潤滑燃燒室周邊的機油會受到引擎的熱能影響而變熱。溫度變高的機油會回到油底殼中。油底殼遠離燃燒室，與汽缸體相比又是金屬薄殼，所以可以利用散熱方式冷卻。

引擎內部的零件必須承受強大的壓力。尤其是燃燒與膨脹行程，各部位零件必須承受的壓力更大，存在於零件與零件之間的機油剛好可以提供緩衝，避免零件損壞。這便是機油的「緩衝功能」。

即便擁有潤滑機能與緩衝機能，由於摩擦等造成零件損耗會產生金屬粉末，而且油品本身也會自行劣化而產生雜質，因而加速零件磨耗，因此循環引擎各部位的機油也同時兼具沖洗雜質的「清潔功能」。

以鋼鐵材質居多的引擎本體或內部零件難免因爲接觸空氣中的氧氣或水分而氧化。所幸機油可以油膜形式殘留在零件表面，即便引擎不處於運轉狀態，也能提供保護效果。這便是機油的「防鏽功能」。

■ 圖 1　機油的各種功能

潤滑功能

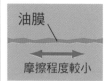

油膜可以承受互相衝突的能量，避免零件與零件直接摩擦，形成保護。

氣密功能

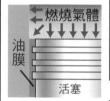

機油填塞於活塞與汽缸之間的間隙有助於提高汽缸的密性。

冷卻功能

機油可於流經燃燒室附近時奪取熱能，再吸回油底殼後散熱，幫助引擎冷卻。

清潔功能

機油循環引擎內部可沖洗發生於引擎各部位的雜質。機油濾網、機油濾清器等裝置會將機油中的雜質濾除，避免雜質再進入引擎中循環。

防鏽功能

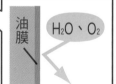

油膜附著於鋼鐵材質的零件表面可避鋼鐵免直接接觸氧氣或水氣，發揮防鏽效果。

緩衝功能

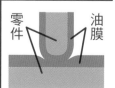

機油以油膜形態附著於零件表面，可避免金屬零件之間直接接觸，緩和摩擦作用。

~起動系統~

　　引擎開始作動以後，便可以藉由其他汽缸產生的動力以及飛輪持續作動。但是在起動之初，由於引擎必須先進行進氣行程與壓縮行程，因此引擎不得不借助外部動力。這個負責供給引擎外部動力的裝置，便稱為「起動系統」。

　　起動系統由「起動馬達」與「飛輪」組成。飛輪的周圍有刻齒。部分引擎不採用飛輪，而是在曲軸末端配置驅動板（周圍刻齒的圓盤）。

　　起動馬達則由「馬達」與「電磁開關」組成。馬達的迴轉運動會透過齒輪組成的「減速機構」傳導至外齒齒輪（小齒輪）。中途配置只能依照一定方向迴轉的「過速離合器」。藉由電磁開關，小齒輪可以順著迴轉軸的方向移動。

　　壓下起動開關（或將車鑰匙轉向起動位置），電磁開關便能作動，使小齒輪與飛輪的齒輪咬合，同時讓馬達開始迴轉。當馬達的迴轉運動傳到曲軸以後，引擎就能開始運轉。可是，在引擎起動以後，引擎的迴轉運動傳到迴轉速度不同的馬達，卻會損壞馬達。所以引擎與馬達之間需要過速離合器，以避免引擎的迴轉運動傳到馬達。

　　此外，由於小齒輪與飛輪的齒輪持續處於咬合狀態會造成能量損失，因此在電腦確認引擎起動（或車鑰匙轉在 ON 位置）以後，電磁開關便會停止作動，使小齒輪回復到不會與飛輪的齒輪咬合的位置。

■ 圖 1　起動系統

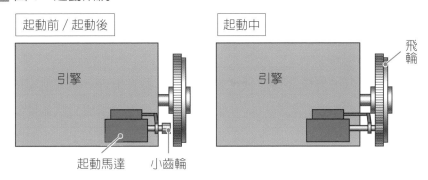

除了起動期間，起動馬達的小齒輪都不會與飛輪的齒輪咬合。

■ 圖 2

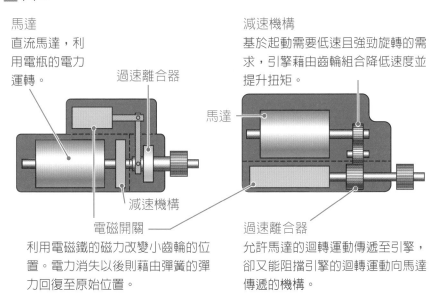

馬達
直流馬達，利用電瓶的電力運轉。

減速機構
基於起動需要低速且強勁旋轉的需求，引擎藉由齒輪組合降低速度並提升扭矩。

利用電磁鐵的磁力改變小齒輪的位置。電力消失以後則藉由彈簧的彈力回復至原始位置。

允許馬達的迴轉運動傳遞至引擎，卻又能阻擋引擎的迴轉運動向馬達傳遞的機構。

怠速熄火系統

近來，為了追求更優越的油耗表現，許多汽車紛紛搭載「怠速熄火系統」。假如是為了稍微延長引擎停止運轉的時間，而在曲軸停止迴轉之前停止噴射燃油，那麼在駕駛人需要再次起動引擎時，便會發生迴轉中的飛輪的齒輪難以與小齒輪咬合的情形。有鑑於此，各車廠便開發出各種有別以往的起動系統。

利用引擎的動力發電，以因應起動或電力不足的情況

～充電系統～

　　為了使汽油引擎連續作動，點火系統本身必須提供點火必須的電力。汽車起動須仰賴起動馬達，即使引擎停止運轉狀態，汽車同樣需要用電。更何況現代的汽車搭載電腦，加上安全行駛上不可或缺的照明、雨刷等，許多裝置都需要電力才能運作。還有，空調、電動窗等提升舒適性能的裝置也幾乎需要用到電力。而提供以上裝置所需要的電力，且穩定供電的裝置即為「充電系統」。

　　充電系統由發電機與蓄電池構成。發電機利用引擎的動力運轉，發電以供點火系統等裝置使用，如有剩餘電力則貯存於蓄電池中。行車難免會面臨到用電量超過發電量的時候，例如在下雨且塞車的夜晚。這時，汽車必須同時使用空調、照明與雨刷等裝置，以至於用電量大增。然而塞車路況卻又使得引擎陷於低轉速狀態，發電量低弱，因而形成用電量大於發電量的情況。

　　汽車通常採用「交流發電機」。交流發電機配置於引擎的側面，藉由皮帶傳輸獲得曲軸皮帶輪的迴轉動能。

　　雖然汽車使用的電力屬於直流電，但為了符合在引擎處於低速運轉狀態下也能充分發電、體積小、耐久性佳等需求，車廠選擇為汽車採用交流發電機。此外，由於發電機產出的交流電電壓和頻率會受到引擎轉的速影響而有所變動，所以車用充電系統必須配置穩壓電路，以便穩定電壓。

■ 圖1　車用電力

一般狀態
使用發電機產出的電力，並將剩餘電力貯存至蓄電池中。

用電過量時
同時使用發電機產出的電力以及蓄電池蓄積的電力。

起動時
發電機尚未發電，必須使用蓄電池中蓄積的電力。

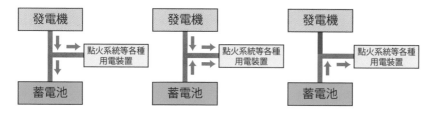

■ 圖2　交流發電機

定子線圈
利用磁場線圈迴轉發電的線圈。

電端（端子）
發送發電所產生的電力的端子。

IC 發電機調壓器
整流以維持一定電壓的電力回路。

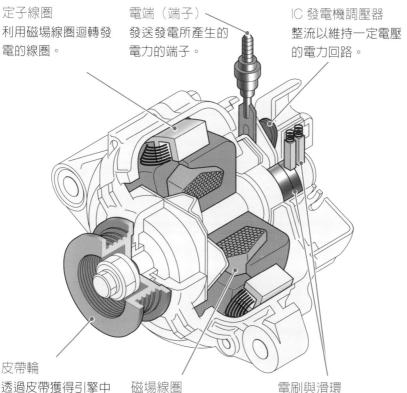

皮帶輪
透過皮帶獲得引擎中曲軸皮帶盤的迴轉動能的零件。

磁場線圈
接受引擎的動力作迴轉運動的線圈。

電刷與滑環
對作迴轉運動的磁場線圈提供電力的端子。

利用化學變化貯電或放電

~電瓶~

　　所謂「蓄電池」，就是藉由充電方式達到重複使用目的的電池。正式名稱爲「蓄電池」，一般稱爲「充電電池」。蓄電池擁有兩種電極，利用電解液發生化學反應進行充電或放電（釋放電力）。

　　由於汽車所使用的充電系統中的蓄電池的電極採用含鉛素材，所以稱爲鉛蓄電池，一般多以「電瓶」稱之。有關鉛蓄電池的電解液的化學反應，詳細情形本文略而不談，僅以圖 1 方式簡約表示。透過電解液的化學反應，電能可以轉變爲化學能量（充電），化學能也可以轉變爲電能（放電）。

　　傳統形式的一般電瓶在充電的時候，由於電解液中的水會發生電解反應，導致水分蒸發逸散，因此需要定期補充所減少的水分。對此，現代的汽車多半已經改用具備水分回收機制的 MF 電瓶，即免保養電瓶（MF 爲 maintenance free 的縮寫，免保養之意）。

　　在汽車所搭載的各種裝置都未用到電的情況下，電瓶也會自然放電，導致電力逐漸減少。此外，低溫也會減弱電瓶的效能。電瓶持續放電至電力過低，以至於無法應付引擎起動所需的狀態稱爲「過度放電」。因此，爲了避免電瓶過度放電，只要引擎處於運轉狀態，引擎就會持續驅動交流發電機，儘量將電瓶充飽。目前，搭載自動充電管理系統，利用電腦監控電瓶的電壓，直到電瓶蓄積一定電力才停止交流發電機運作的汽車已有增加的趨勢。採用自動充電管理系統不但能降低引擎的負擔，更兼具節省油耗之效。

■ 圖 1　電瓶的充電與放電

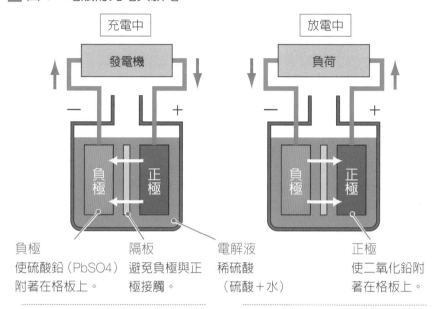

負極	隔板	電解液	正極
使硫酸鉛（PbSO4）附著在格板上。	避免負極與正極接觸。	稀硫酸（硫酸＋水）	使二氧化鉛附著在格板上。

正極：硫酸鉛變成二氧化鉛。
負極：硫酸鉛變成海綿狀的鉛。
電解液：硫酸的濃度變高。

正極：二氧化鉛變成硫酸鉛。
負極：海綿狀的鉛變成硫酸鉛。
電解液：硫酸的濃度下降。

■ 圖 2　電瓶的構造

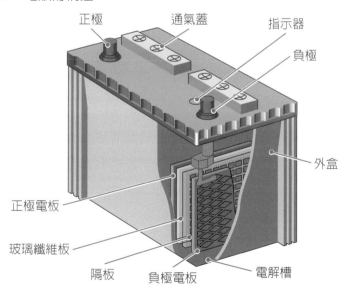

壓縮的空氣輸送到引擎，以提高引擎性能

~增壓機~

供給汽缸多於本身容量的空氣可以增加燃料的燃燒量，提升引擎的輸出馬力。這稱為「增壓」，而執行增壓的裝置則稱為「增壓機」。增壓機包含許多類型，最常用的是「渦輪增壓機」。

渦輪增壓機的構造是一根迴轉軸，兩端附加葉輪。其中一端的葉輪配置排氣管路，另一端的葉輪配置進氣管路。排氣流推動葉輪旋轉以後，進氣管路端的葉輪隨之旋轉，開始壓縮進氣，如此便可吸進大於汽缸容量的空氣。只是，空氣遭到壓縮會使溫度上升，接著產生熱脹現象，因此需要結構類似水箱用散熱器的「中冷器」協助冷卻進氣。

由於渦輪增壓機利用的是排氣損失的排氣流，所以擁有高效率。但是，提高壓縮進氣能力會將導致排氣流變差，使得排氣壓力累積而降低引擎性能。

過去，增壓機普遍受到跑車採用，目的在於提高輸出馬力。現在增壓機被採用的目的則是為了精簡引擎的體積與重量，以謀求更優越的油耗表現。原則上，汽車引擎的總排氣量必定設計在十分充裕的程度。但是這麼一來，當汽車進入定速巡航模式時，相對於汽缸容積，燃料的量將會顯得不足，且往往會造成燃料燃燒不易。從引擎本體又大又重，活塞損失或摩擦損失勢必也大這點來看，引擎需要設置增加機。另外，再從總排氣量規劃配合定速行駛需求，引擎的體積與重量又以輕量化發展為原則的大前提下，引擎也必須藉由增壓方式來提高輸出馬力，才能應付急速發車或急速加速等需求。以上設計稱為「精簡化」。

■ 圖 1　渦輪增壓原理

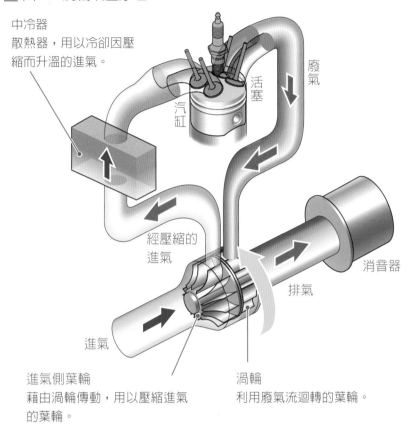

中冷器
散熱器，用以冷卻因壓
縮而升溫的進氣。

廢氣

活塞

汽缸

經壓縮的
進氣

消音器

排氣

進氣

進氣側葉輪
藉由渦輪傳動，用以壓縮進氣
的葉輪。

渦輪
利用廢氣流迴轉的葉輪。

■ 圖 2　增壓時壓力的控制

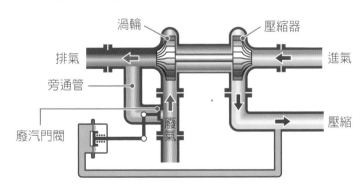

渦輪

壓縮器

排氣

進氣

旁通管

壓縮

廢汽門閥

廢氣

當進氣的壓力過高時，廢汽門閥會開啟，使廢氣通過旁通管，以抑制渦輪的迴轉。

油（oil）和液（fluid）

　　除了引擎用的機油以外，汽車內部多種裝置也都使用類似油質的液體。各位或許曾聽過比較年長的人提起使用煞車油、自排變速箱油這類說法。當然，這類說法現在仍然通用，只是現在通常改以煞車液、自排變速箱液稱之。名稱之所以改變並非所使用的液體本身改變，而是基於用途考量。原則上，主要訴求潤滑作用的液體稱為「油」（oil）；主要訴求油壓（請參考第128頁）傳導作用的液體稱為「液」（fluid，取其流體概念）。

　　名稱改稱為液的另有動力方向機液（PSF）與無段變速箱液（CVTF）。順帶一提，動力方向機液與無段變速箱液雖然也有提供潤滑的作用，但因為同時具備油壓傳導作用，因此改稱為液。另外，同樣都是變速箱，用於手排變速箱的工作液由於只提供潤滑作用，所以名稱還是維持手排變速箱油或齒輪油。

▌煞車油（煞車液）

用於煞車的液體過去稱為煞車油，現在改稱為煞車液。

第 5 章　傳動車輪的機械原理

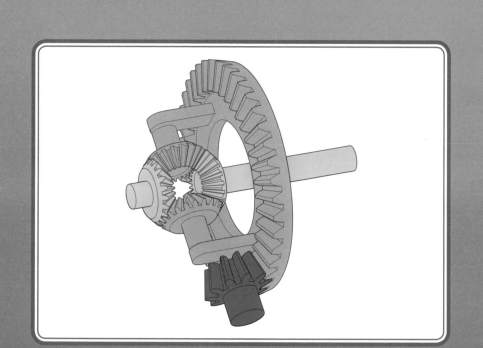

傳動系統有前輪驅動或後輪驅動之分

～傳動系統與傳動方式～

　　將引擎的迴轉傳導至車輪的裝置稱為「傳動系統」。傳動系統的組成以「變速箱」（將引擎的迴轉換成最適合行駛需求的扭矩或轉速）為主，其他還有協助過彎順暢的「差速齒輪」，執行最後減速程序的「最終減速齒輪」，以及在上述裝置之間、負責傳遞迴轉動能的「軸類」。

　　引擎的曲軸需透過傳動系統隨時與車輪保持連結，負荷非常大，無法藉由起動馬達起動。假如是手動排檔車的話，只要引擎的迴轉動力正在傳送至變速箱的情況下，就無法變換齒輪的組合。因此，引擎與變速箱之間需要離合器這樣負責阻斷或接續扭矩傳導的間歇機構。離合器的種類牽涉到所採用變速箱的種類，部分離合器則內藏於變速箱中。

　　關於傳動方式，舉凡四輪皆可傳動的稱為「四輪驅動」（4WD 或稱 AWD），但一般車輛大多屬於前輪或後輪中僅有一方面可以傳動的「二輪驅動」（2WD）。引擎配置於車體前方且驅動前輪的模式稱為「前置引擎，前輪驅動」，英文簡稱 FF（Front Engine, Front Wheel Drive）。引擎同樣配置於車體前方，但引擎驅動後輪的模式稱為「前置引擎，後輪驅動」，英文簡稱 FR（Front Engine, Rear Wheel Drive）。

　　FR 車具有前後重量分配平均，易於提升運動性能與操控性能的優點。可惜的是變速箱與傳動車輛後方的傳動軸會占據不少車室空間，所以 FR 車的車體往往偏重。FF 車則具有重量容易集中於車頭，負責傳動與方向操控的前輪負擔過大，導致周邊結構複雜的缺點。不過由於 FF 車能夠提供較大的車室空間，車重也容易壓低，因而成為現代車壇的主流類型。

圖1　傳動方式與動力傳遞途徑

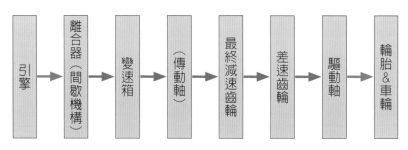

引擎　→　離合器（間歇機構）　→　變速箱　→　（傳動軸）　→　最終減速齒輪　→　差速齒輪　→　驅動軸　→　輪胎＆車輪

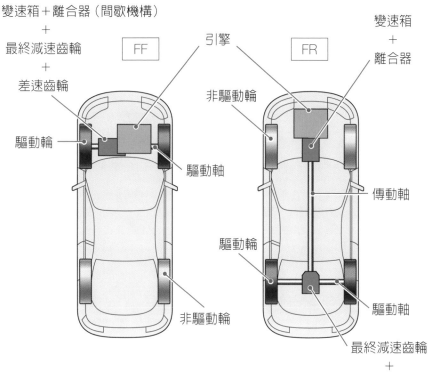

變速箱＋離合器（間歇機構）
＋
最終減速齒輪
＋
差速齒輪

FF

驅動輪

引擎

FR

變速箱
＋
離合器

非驅動輪

驅動軸

傳動軸

驅動輪

驅動軸

最終減速齒輪
＋
差速齒輪

非驅動輪

FF、FR、RR、MR

FF、FR分別為「前置引擎，前輪驅動」與「前置引擎，後輪驅動」的縮寫。此外另有引擎設置於車體後方且驅動後輪的「後置引擎，後輪驅動」，簡稱RR（Rear Engine, Rear Wheel Drive），以及引擎設置於車體中央且驅動後輪的「中置引擎，後輪驅動」，簡稱MR（Middle Engine, Rear Wheel Drive）等其他型式。

藉由變速將引擎轉數與扭矩調整至最合適的行駛狀態

～齒輪、滑輪、變速～

　　第1章已經說明過車輪需求的轉速與扭矩會依實際行車情況而變化。另外，引擎轉速又會因為扭矩而變化。因此，變速箱會依照行車情況需要多少轉速或扭矩調整引擎的轉速。

　　執行變速的基本機械要素是「齒輪」、「滑輪」與「皮帶」。變速箱改變的其實不只是轉速而已。轉速改變，扭矩也會改變。例如，汽車起步需要巨大的驅動力，但也需要低轉速。所以必須先提高引擎轉速以提高輸出馬力，再藉由變速箱降低轉速，同時提高扭矩。

　　齒輪是眾所皆知的機械要件。在一般外齒齒輪組中，轉速會與兩個齒輪的齒數比（即「齒輪比」）成正比。舉例來說，假設輸入端的齒數＝20，輸出端的齒數＝40（齒輪比＝20／40＝1／2），那麼轉速＝1／2，而扭矩＝2倍。也就是說，扭矩與齒輪比成反比。此外，外齒齒輪組的迴轉方向是相反的。

　　汽車還使用其他齒輪，例如內齒齒輪加外齒齒輪組，可以改變迴轉軸方向的傘齒齒輪，由三種齒輪組合而成的行星齒輪，以及嚴格來說不算齒輪，但桿棒刻齒的齒條。

　　假如利用滑輪與皮帶變速，那麼輸入端與輸出端的滑輪直徑（掛皮帶部分的直徑）的比就相當於齒輪的齒輪比。傳動直徑為兩倍大的滑輪時，轉速＝1／2，扭矩＝2倍，而且輸出端與輸入端的迴轉方向相同。

■ 圖 1　利用齒輪變速

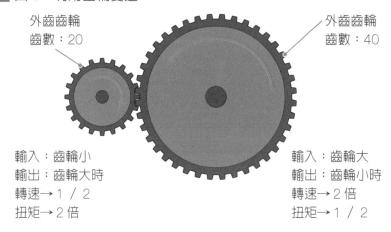

外齒齒輪
齒數：20

外齒齒輪
齒數：40

輸入：齒輪小
輸出：齒輪大時
轉速→ 1 ／ 2
扭矩→ 2 倍

輸入：齒輪大
輸出：齒輪小時
轉速→ 2 倍
扭矩→ 1 ／ 2

■ 圖 2　各種齒輪

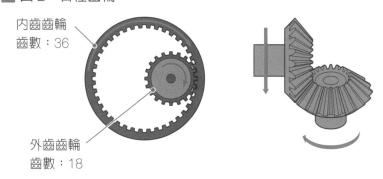

內齒齒輪
齒數：36

外齒齒輪
齒數：18

■ 圖 3　利用滑輪與皮帶變速

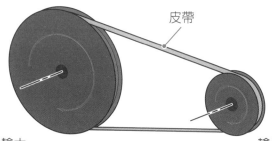

皮帶

輸入：滑輪大
輸出：滑輪小時
轉速→ 2 倍
扭矩→ 1 ／ 2

輸入：滑輪小
輸出：滑輪大時
轉速→ 1 ／ 2
扭矩→ 2 倍

變速箱會依據手動操作及分段變速的有無來分類

~變速箱~

「變速箱」的輸入端與輸出端的轉速比稱為「變速比」。由於汽車需要配合行駛情況調整轉速與扭矩，所以變速箱需要某個範圍的變速比。

具備數多檔位變速比，而且必須手動變檔的變速箱稱為手排變速箱（Manual Transmission，簡稱 MT）。變速箱內配備數組不同齒輪比的齒輪組。切換齒輪比時使用「摩擦式離合器」作為阻斷或接續扭矩傳導的裝置。

不需要手動換檔，系統能自動依照行駛狀態變換變速比的變速箱稱為「自排變速箱」（Automatic Transmission，簡稱 AT），旗下包含「無段變速箱」（Continuous Variable Transmission，簡稱 CVT）。不過，一般提及自排變速箱，通常是指長久以來的主流——「行星齒輪式變速箱與扭矩轉換器的組合」，其內部可階段性自動切換變速比。扭矩轉換器是流體離合器的一種，本身除了發揮阻斷或接續扭矩傳導機能以外，也可具備增大扭矩機能。

無段變速箱（CTV）雖然是自排變速箱的一種，但是汽車業界幾乎不以自排變速箱（AT）來稱呼它。傳統自排變速箱的變速比切換必須分階段完成，因此需要使用某個範圍的引擎轉速。相對於駕駛人希望能享受到的引擎性能來說，這種模式多少會使用到拉低引擎效能的轉速範圍。然而無段變速箱可以連續切換變速比的關係，所以可以確保引擎轉速能維持在高效能範圍，連帶地也能使引擎發揮更好的油耗表現與加速性能。有關無段變速箱的結構，目前已開發出多種形式，主流為皮帶式變速箱與扭矩轉換器的組合。

■圖1　變速箱的種類

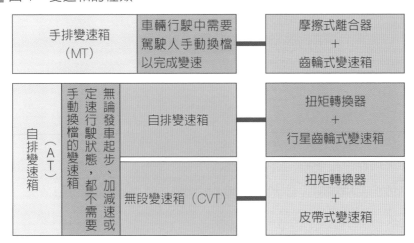

■圖2　無段變速箱與自排變速箱的差別

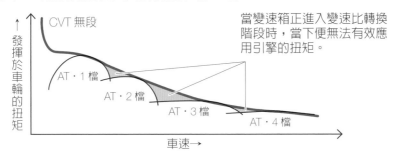

引擎的扭矩相對於引擎轉速的曲線呈山形分布。頂點的扭矩最大，但是在階段性換檔的當下，頂點上下的轉速都要使用到，因此多少不利於驅動能力。但是在無段變速情況下，任何時候都是可以利用最大扭矩。曲線呈山谷形狀分布的燃料消耗率同樣也可做上述解釋。

手自排變速箱AMT

目前已開發出「手自排變速箱」（Automated Manual Transmission，簡稱AMT）。雖然話起來有些怪，但這其實是可以執行「自動變速」的「手排變速箱」。現在的自排變速箱或無段變速箱的效率其實已經很高，但是對於熟練的駕駛人來說，手動排檔還是最能節省油耗，最能提高加速性能的操作方式。而手自排一體變速箱的開發，將自主控制手動或自動模式化為可能。目前已發展出各種結構類型，主流的手自排變速箱為雙離合器手自動一體變速箱（Dual Clutch Automated Manual Transmission，簡稱DCT）。

由不同齒輪比的齒輪組合中挑選所需

～手排變速箱（MT）～

　　誠如前一小節的說明，即使是手排變速箱，檔位愈多就愈能發揮接近無段變速的效果，引擎的效率也就愈好。但是相對地，檔位多就必須增加手動換檔的次數，不但操作麻煩，變速箱本身也會變得又大又重。因此手排變速箱的變速比一般設計成往上4～7檔，往下1檔。齒輪的組合由變速比最大的算起依序稱為1檔、2檔。

　　手排變速箱有各種結構類型，一般為2支心軸各自與變速比不同的齒輪組合。以圖1為例，「輸入軸」的迴轉動力會先傳到「中間軸」。假如所有齒輪都固定在軸上，那麼軸將無法迴轉。所以「輸出軸」上的齒輪並不固定在軸上，固定在軸上的其實是「套筒」這樣的離合機構。因此，空檔其實是輸出軸上的齒輪中間軸空轉的狀態。又例如排入2檔，是讓1-2套筒左移，使2檔齒輪固定到輸出軸上，使輸出軸依照2檔的變速比迴轉。手排車是由駕駛人操作排檔桿，以此方式移動套筒，使引擎換檔變速。

　　在切換變速比的時候，離合器可以避免引擎的扭矩傳導至變速機，而變速機內的齒輪或心軸則繼續以不同的速度迴轉。在這種情況下，齒輪或心軸難以藉由套筒固定。因此套筒會設置「同步器機構」以產生摩擦，並且藉由摩擦使迴轉速度一致。

■圖 1　手排變速箱的結構與作動方式

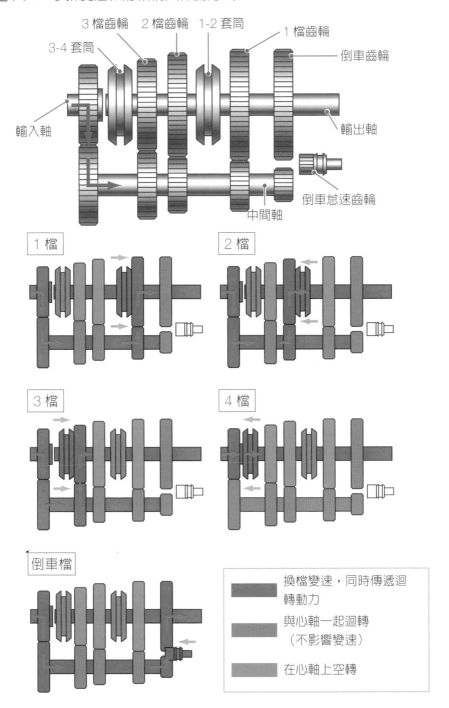

藉由摩擦使轉軸接續流暢

　　與手排變速箱搭配使用的離合器稱爲「摩擦式離合器」。離合器是由2支位於同一軸線上的轉軸組成，負責阻斷或接續扭矩傳導的間歇裝置。而摩擦式離合器的基本結構是由2塊位置相對、各自擁有「轉軸」的「圓盤」所組成。當兩圓盤分離時，迴轉動力便無法傳遞。假如輸入端的轉速高，輸出端停止迴轉的話，兩圓盤將瞬間貼合在一起而產生巨大的衝擊，進而使引擎停止運轉。當兩圓盤的位置介於有接觸與沒接觸之間時，兩圓盤會因爲轉速差異而發生摩擦，依此逐漸傳遞迴轉動力，使輸出端逐漸提高轉速。假如轉速差異小的話，即使兩圓盤緊密貼合也不會造成衝擊，還可以將所有迴轉動力傳遞出去。

　　事實上，汽車引擎所採用的離合器中，輸入端圓盤是引擎的「飛輪」，輸出端圓盤則採用「離合器摩擦片」。離合器摩擦片與飛輪相對的那一面張貼容易摩擦的素材。「離合器蓋」覆蓋於摩擦片上，內設彈簧，可藉由彈簧的彈力壓制飛輪。當駕駛人踩踏「離合器踏板」時，踩踏力量勝過彈簧的彈力，迫使離合器摩擦片離開飛輪，迴轉動力便遭阻斷。當離合器踏板逐漸回復原位，離合器摩擦片與飛輪稍微接觸以後，迴轉動力又得以傳遞——這稱爲「半離合」狀態。直到迴轉速度接近，離合器踏板完全恢復原位以後，所有的迴轉動力又可以繼續傳遞出去。

圖 1　離合器的結構

飛輪
提高引擎慣性矩的零
件，也作為離合器的
輸入端圓盤使用。

離合器踏板
離合器踏板下壓可迫使離合
器摩擦片離開飛輪。

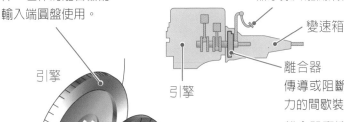

變速箱

引擎

引擎

離合器
傳導或阻斷引擎的迴轉動
力的間歇裝置。

離合器摩擦片
離合器輸出端的圓盤。

離合器蓋
離合器的蓋子。內部配置彈簧，因此
也具備將離合器片壓向飛輪的功能。

 圖 2　離合器的作動方式

圓盤

轉軸

熱

摩擦

兩圓盤分離便
無法傳遞迴轉
動能。

兩圓盤稍微接觸可傳遞部分迴
轉動能。沒有傳遞出去的動能
會轉變成摩擦熱，成為熱能。

兩圓盤緊密貼合
即可傳遞所有的
迴轉動能。

乾式單片離合器

手排變速箱所使用的摩擦式離合器稱為「乾式單片離合器」。不過摩擦式離
合器中也有組合多片圓盤的「多片離合器」。乾式意指圓盤在空氣中接觸，
若圓盤在油品中接觸則為「濕式」。濕式多片離合器通常為四輪驅動系統採
用。

05-06

藉由流體傳遞迴轉動能，同時增加扭矩

　　自排變速箱、無段變速箱採用「扭矩轉換器」作為離合機構。扭矩轉換器屬於「流體離合器」的一種。我們知道，將風車放在轉動中的電風扇前，風車就會轉動。這很類似流體離合器的基本作動原理——利用液體或氣體之類可以流動的物質（稱為流體）傳導迴轉動能。此外，由於油之類的液體擁有較佳的傳導效率，因此扭矩轉換器採用液體作為流體。

　　在電風扇吹動風車的例子中，空氣通過風車之後依然繼續流動。這意味著因為有動能殘留在空氣中，所以迴轉動能無法全數傳遞。但是，流體會創造循環路徑，因此只要在輸入端與輸出端設置葉輪的話，即可提高效率。輸入端葉輪旋轉送出的流體可以轉動輸出端的葉輪，通過輸出端的葉輪以後，殘存動能的流體將回到輸入端葉輪的後方，推動輸入端的葉輪，然後再次被推送至輸出端的葉輪。當輸出端葉輪的轉速低於輸入端葉輪時，扭矩會隨流體循環而增大。假如自輸出端葉輪停止轉動狀態下開始，那麼透過輸入端葉輪轉動，輸出端葉輪的轉速將會逐漸提高。基於兩葉輪的轉速差愈小，扭矩增大的幅度愈小原理，兩翼最終將以相同速度迴轉。

　　在車用引擎的扭矩轉換器的機殼內，扮演輸出端葉輪的是「泵輪」，扮演輸入端葉輪的是「渦輪轉輪」，兩者之間的配置則是稱為「定子」的齒輪。透過定子，由泵輪推送至渦輪轉輪的液體便可以高效率回流至泵輪的背面。

■圖 1　流體離合器

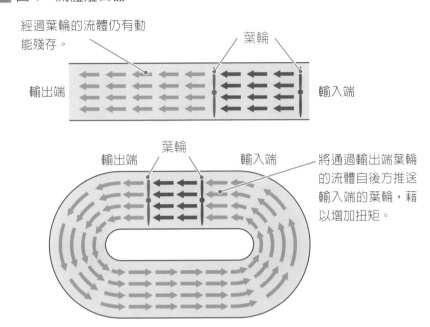

經過葉輪的流體仍有動
能殘存。

葉輪

輸出端　　　　　　　　　　輸入端

葉輪

輸出端　　　　　輸入端

將通過輸出端葉輪
的流體自後方推送
輸入端的葉輪，藉
以增加扭矩。

■圖 2　扭矩轉換器

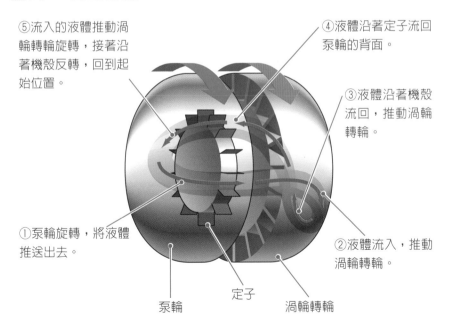

⑤流入的液體推動渦
輪轉輪旋轉，接著沿
著機殼反轉，回到起
始位置。

④液體沿著定子流回
泵輪的背面。

③液體沿著機殼
流回，推動渦輪
轉輪。

①泵輪旋轉，將液體
推送出去。

②液體流入，推動
渦輪轉輪。

定子

泵輪　　　　　　渦輪轉輪

～扭矩轉換器 2～

假如利用自排變速箱或無段變速箱將最大變速比調到最大，並且瞬間傳遞引擎的迴轉動能的話，反而會造成引擎因為負荷過大而停止，或使汽車突然向前衝。但是，假如引擎與變速箱之間若存在「扭矩轉換器」的話，那麼引擎的迴轉動能就能慢慢地被傳遞出去。因為轉速差異愈大，扭矩增幅就愈大，非常適用於汽車起步，且即便在停車狀態也不需要將引擎與變速箱完全隔開來。

承接上一節所舉的電風扇與風車的例子，假如我們想用手指停住風車的話，我們只需輕輕一觸的力道就可以停止風車轉動。即使是扭矩轉換器，也只需要施力並將輸入端的扭矩稍微固定於輸出端，迴轉動能便無法傳遞過去。這時，動能會因為流體與葉輪或電風扇外箱產生摩擦而轉變成熱能。換句話說，引擎的扭矩小如怠速狀態，只需要踩下煞車踏板便可固定驅動輪的位置，保持停車狀態。

只要腳底離開煞車踏板，即使不再下踩油門踏板，也就是不再提升引擎的扭矩的話，也能利用扭矩轉換器的增幅作用做「慢速爬行」。也就是說，假如是在某種坡度程度以下的上坡道上起步的話，也能保持停止狀態。

但是，由於流體與葉輪等零件會發生摩擦，扭矩轉換器難免會發生損失。即使輸出、輸入之間不存在轉速差異，扭矩轉換器依然無法將扭矩完全傳遞出去。而為了降低摩擦損失，扭矩轉換器備有「鎖定機構」。假如轉速沒有差異，「鎖定離合器」便會作動，直接連結出入端與輸出端。

■ 圖 1　慢速爬行

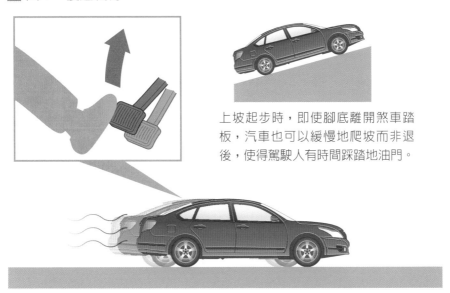

上坡起步時，即使腳底離開煞車踏板，汽車也可以緩慢地爬坡而非退後，使得駕駛人有時間踩踏地油門。

即使腳底板離開煞車踏板，也沒有踩油門，汽車依然能夠慢速行駛。如此慢速爬行性能對於停車等場合尤其便利。

■ 圖 2　鎖定離合器

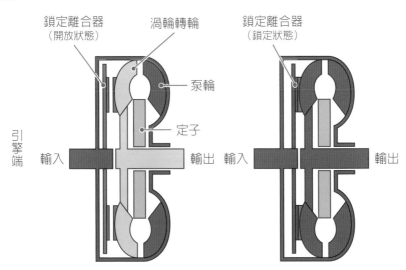

鎖定離合器（開放狀態）　渦輪轉輪　　鎖定離合器（鎖定狀態）

泵輪

定子

引擎端　輸入　輸出　輸入　輸出

轉速差異大時
以流體離合器形式作動，增加扭矩。

無轉速差時
作動鎖定離合器，傳遞所有的扭矩。

利用液體的壓力傳導力量使機件作動

～油壓機構～

「油壓機構」除了用於自排變速箱的行星齒輪式變速機構，以及無段變速箱的皮帶式變速機構內部，也是腳煞車或動力方向機構中的主要機件。現代油壓機構較少使用油作爲工作液，所以正確來說應該稱之爲液壓機構才是，但是因爲長年習慣的關係，利用液壓作動的機構通常還是會沿用油壓機構這個名稱。

只要具備兩只注射器，中間以管路連結，內部注滿液體即爲油壓機構的基本結構。推擠一方注射器的活塞，另一方注射器的活塞就會被推擠出去，如此便可傳遞壓力。相同的壓力傳遞模式也可藉由鋼繩或桿棒執行，只是整體構造會因爲必須容納鋼繩或桿棒的移動路徑而變得複雜，也會增加能量的損失。利用油壓的話，結構上只要管路可以通過就好，而且管路本身也可以傳遞壓力。即使移動距離改變，也是只要能事先鬆開管子就沒問題。

油壓機構也是可以增加壓力。只要將輸出端汽缸的剖面積放大至輸入端汽缸的剖面積的兩倍，就可以創造出兩倍的壓力。在這種條件下，移動距離就只需要原來的一半。除此之外，壓力也能夠被分散。將輸出端的汽缸增加至兩支，壓力就能分散至兩邊。這類型的機構通常被用於腳煞車。

泵浦所創造出來的油壓也可以移動汽缸內的活塞。只要在汽缸的兩處分別設置出入口，並且於出入口之間設置活塞，在油壓路徑中設置切換閥的話，活塞即可往兩邊移動。這種機構通常用於自排變速箱、無段變速箱內部，或是動力方向機構。

■圖1 利用油壓機構傳導動力

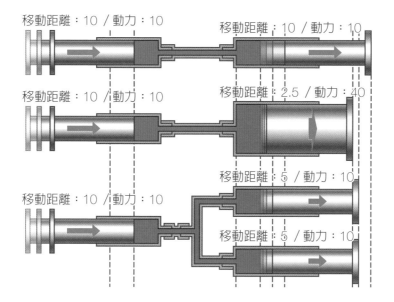

移動距離：10 / 動力：10
移動距離：10 / 動力：10

移動距離：10 / 動力：10
移動距離：2.5 / 動力：40

移動距離：5 / 動力：10

移動距離：10 / 動力：10
移動距離：5 / 動力：10

■圖2 機油泵浦產生動力

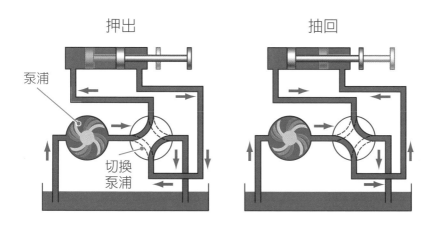

押出　　　　　　　抽回

泵浦

切換
泵浦

油與液

過去，油壓機構的工作液通常採用礦物油，因此工作液多稱為油。現在，汽車所使用這類機構的液體中，主要作為潤滑使用的部分繼續沿用「油」這名稱，而主要作為油壓傳導用途的部分則改稱為「工作液」。

使用如天體般作動的齒輪達成自動變速

~行星齒輪組~

　　自排變速箱採用的是「行星齒輪式變速箱」。「行星齒輪」的重點不在於形狀，例如內齒或外齒，而是齒輪的組合方式。最基本的行星齒輪組是由兩種齒輪，即外齒齒輪與內齒齒輪所構成。位於中央的外齒齒輪稱為「太陽齒輪」，外環的內齒齒輪稱為「環齒輪」，兩者之間會配置數個外齒齒輪，即「行星齒輪」（小齒輪），並且由「行星齒輪架」來整合所有的行星齒輪。行星齒輪本身當然可以旋轉，即自轉，還可以繞著太陽齒輪旋轉，即公轉。太陽齒輪、環齒輪、行星齒輪架三者的轉軸屬於同軸關係。

　　行星齒輪可以從三支轉軸選擇輸出或輸入迴轉動力，並且藉由固定特定的轉軸，增減速度或改變迴轉方向，是應用便利的齒輪。

　　如圖 2 所示，在行星齒輪架固定的狀態下，對太陽齒輪輸入迴轉動力，行星齒輪就不能公轉，但是可以藉由自轉對環齒輪傳遞迴轉動能。作為輸出用途的環齒輪，它的迴轉方向恰好與輸入方向相反。

　　此外，在環齒輪固定的狀態下對太陽齒輪輸入迴轉動力，行星齒輪就能一面朝與太陽齒輪相反的方向自轉，一面朝與太陽齒輪相同的方向公轉。依此，與太陽齒輪相同轉向的迴轉動力就能輸出至行星齒輪架。

　　與外齒齒輪組合不同的是，行星齒輪可與輸出同軸，並且接受各種動作，在應用上非常便利。但是行星齒輪需要中空的心軸，所以構造上較為複雜，造價也比較昂貴。

■圖1　行星齒輪組的構造

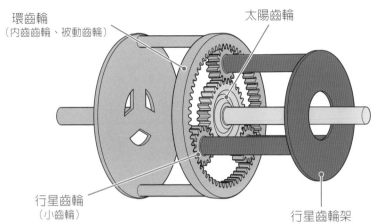

環齒輪
（內齒齒輪、被動齒輪）

太陽齒輪

行星齒輪
（小齒輪）

行星齒輪架

■圖2　行星齒輪組的作動範例

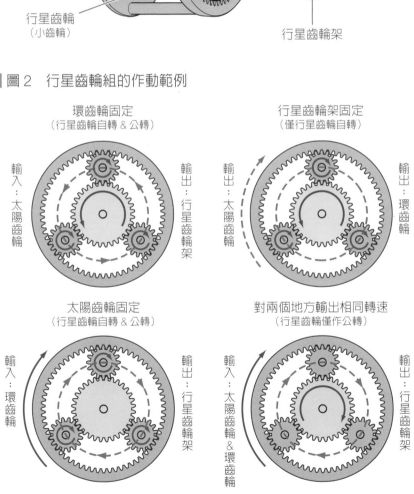

環齒輪固定
（行星齒輪自轉＆公轉）

輸入：太陽齒輪

輸出：行星齒輪架

行星齒輪架固定
（僅行星齒輪自轉）

輸出：太陽齒輪

輸出：環齒輪

太陽齒輪固定
（行星齒輪自轉＆公轉）

輸入：環齒輪

輸出：行星齒輪架

對兩個地方輸出相同轉速
（行星齒輪僅作公轉）

輸入：太陽齒輪＆環齒輪

輸出：行星齒輪架

在結構上，手排變速箱與離合器通常是各自獨立的裝置，但自排變速箱通常會包含扭矩轉換器在內。扭矩轉換器的流體和變速箱的潤滑液是共用的，電腦控制系統也會同時監控兩者。行星齒輪式變速箱的正式名稱爲「副變速箱」，因爲扭矩轉換器也負責增加扭矩或變速。

行星齒輪式變速箱是由「離合機構」、「煞車機構」、「單向離合機構」等機構組合而成。「離合機構」將轉軸的輸出或輸入切換至數個行星齒輪上。「煞車機構」負責固定轉軸。「單向離合機構」則使得元件只能依照一定方向迴轉。實際變速動作並不難理解，只是非常複雜，需要較大篇幅才足以說明，本文姑且省略。總之，它是僅由兩組行星齒輪組成就可完成前進4檔、後退1檔的自排變速箱。爲了變速流暢，同時節省燃料，目前已有部分行星齒輪式變速箱將自動變速檔位一舉增至前進7至8檔。只是這麼一來，除了體積與重量必定隨之增加以外，造價也隨之上漲。

行星齒輪式變速箱的離合機構或煞車機構等皆藉由油壓（請參考第128頁）作動。參與作動的油壓管路各處皆設置可藉由電力開關的閥門，在控制自排變速箱的電腦的指示下切換油壓管路，以進行變速。至於變速時機，也是由電腦依據行車速度或引擎轉速等各種情報決定。

該油壓機構所使用的液體稱爲「自排變速箱液」（簡稱ATF），功用除了潤滑變速箱內的齒輪以外，也兼作傳遞扭矩轉換器中傳遞扭矩的流體使用。

▉ 圖 1　行星齒輪式變速箱的作動方式

D 檔──2 檔

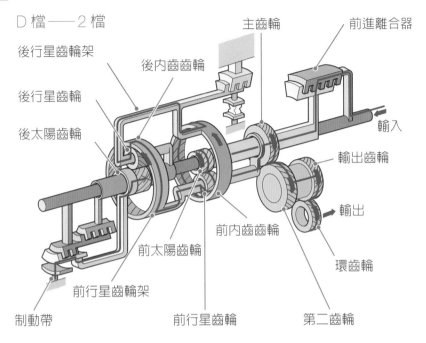

後行星齒輪架　　　後內齒齒輪　　　主齒輪　　　前進離合器

後行星齒輪

後太陽齒輪

輸入

輸出齒輪

前內齒齒輪

輸出

前太陽齒輪

前行星齒輪架

環齒輪

制動帶　　　前行星齒輪　　　第二齒輪

D 檔──3 檔

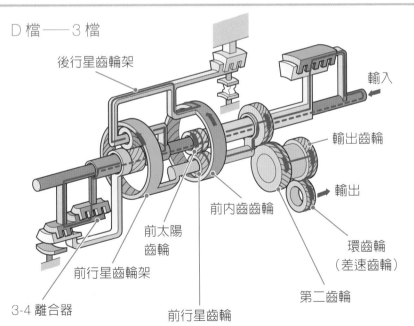

後行星齒輪架

輸入

輸出齒輪

前內齒齒輪

輸出

前太陽
齒輪

環齒輪
（差速齒輪）

前行星齒輪架

第二齒輪

3-4 離合器　　　前行星齒輪

改變滑輪的寬幅，即可改變實際直徑，進而達成變速的目的

～無段變速（CVT）～

擁有節省油耗機能，搭載「無段變速箱」（Continuously Variable Transmission; CVT）的車種持續在增加的關係，過去市面上曾有搭載圓錐式無段變速箱的車款，現在清一色全採用皮帶式無段變速箱。

皮帶式無段變速箱採用 2 個滑輪，滑輪溝槽呈 V 字形，寬幅可變化。為了使皮帶與溝槽完全吻合，皮帶的剖面設計成梯形。一般若是藉由滑輪與皮帶傳遞迴轉動力與變速，通常會採用橡膠製皮帶，以確保一定的張力。然而，皮帶式變速箱的皮帶必須承受巨大力量，因此也有部分機種採用由金屬帶包夾無數金屬薄片以取代皮帶。

改變滑輪溝槽的寬幅即可改變皮帶的掛放位置。溝槽愈寬，皮帶的掛放位置愈接近滑輪中心；溝槽愈窄則愈接近外面。改變溝槽的寬窄即可改變滑輪的實際直徑，藉以達到變速目的。假如不小心讓兩邊滑輪的溝槽寬幅遭到改變，皮帶就會鬆弛，無法傳遞迴轉動力。而為了避免上述情形，溝槽的寬幅設計則由電腦負責控制。所謂配合行車狀況選擇變速比，當然也是會由電腦來選擇。至於溝槽寬幅的調整，只有少部分由馬達調整，且大多數是由油壓來調整。

汽車起步時，皮帶式變速箱與引擎之間需要離合器這樣的間歇機構。部分離合機構採用電磁離合器，並且利用電磁作用來執行離合作業。使用電磁離合器固然可以獲得較高效率，卻有不利於慢速爬行的缺點，因此無段變速箱通常也會搭配扭矩轉換器。

■圖1　皮帶式變速箱的作動方式

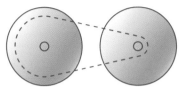

減速（增加扭矩）

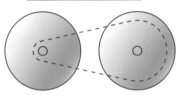

增速（降低扭矩）

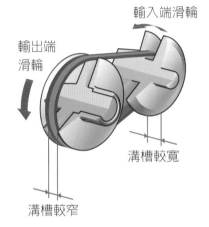

輸入端滑輪

輸出端
滑輪

溝槽較寬

溝槽較窄

輸入端滑輪的溝槽較寬，實際直徑
較小，用於減速，即增加扭矩。

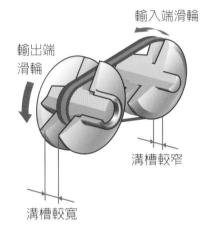

輸入端滑輪

輸出端
滑輪

溝槽較窄

溝槽較寬

輸入端滑輪的溝槽較窄，實際直徑
較大，用於增速，即降低扭矩。

■圖2　金屬製皮帶與滑輪的剖面

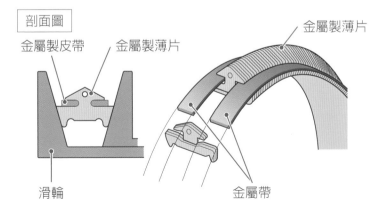

剖面圖

金屬製皮帶　金屬製薄片

金屬製薄片

滑輪

金屬帶

左右車輪會以不同的轉速過彎

～差速齒輪～

汽車**轉彎**的時候，彎道外側的車輪必須移動較長的距離。假如轉彎時左右**驅動輪**（接受引擎的迴轉動力，具備驅動能力的車輪）所接受的迴轉動力相同，可能會導致兩種情況發生。可能情況之一是，位於彎道內側的車輪的實際移動距離短於引擎所傳遞的迴轉動力所能移動的距離，導致內側車輪空轉。可能情況之二是，外側車輪的實際移動距離長於引擎所傳遞的迴轉動力所能移動的距離，導致外側車輪被拖著走。為了避免上述情況發生，動力傳導系統便會在左右驅動輪設置可以吸收「轉速差異」的「**差速齒輪**」。

差速齒輪的運作原理為應用阻力差異傳遞動力。真正的差速齒輪的結構相當複雜，在此請先試著用單純的結構來思考。準備可以沿著導桿上下移動的齒條，中間配置一顆外齒齒輪。假如兩側齒條的重量完相同的話，那麼將齒輪往上提的結果是：齒輪不會轉動，兩側齒條的移動距離與齒輪移動的距離相當。這是因為左右兩側零阻力差的緣故。

同樣是將齒輪往上提的情況下，假如某側齒條較重，那麼只有重量較輕那一側的齒條會跟著移動，同時帶動外齒齒輪迴轉。藉由齒輪迴轉，迴轉動力便會由較重的齒條傳到較輕的齒條，且較輕的齒條的移動距離是外齒齒輪的移動距離的 2 倍。由此可知，無論阻力是否存在，兩齒條的移動距離總和不變。

以上即為利用阻力差傳導動力的原理。差速齒輪即是利用這種原理為左右驅動輪創造迴轉速度差。

■圖1　迴轉半徑差

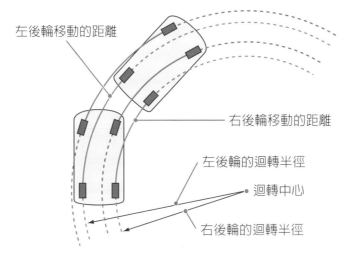

左後輪移動的距離

右後輪移動的距離

左後輪的迴轉半徑

迴轉中心

右後輪的迴轉半徑

左右輪在彎道上的迴轉半徑不一樣，必要的移動距離也不同。因此，左右輪如果沒有迴轉速度差則無法平順地行走（圖為 FR 的情形）。

■圖2　藉由摩擦阻力差異傳導動力

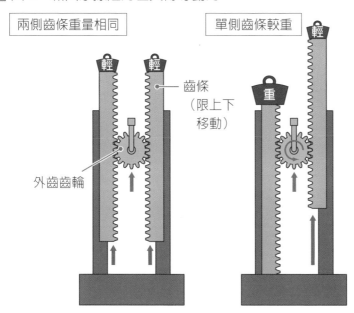

兩側齒條重量相同

單側齒條較重

輕

輕　輕

重

齒條
（限上下
移動）

外齒齒輪

左右兩側齒條的重量相同的話，外齒齒輪移動多少距離，兩側的齒條就會移動多少距離。

左右兩側齒條的重量不相同的話，外齒齒輪會迴轉，使得較輕的齒條比外齒齒輪多移動兩倍的距離。

配合左右驅動輪所承受的阻力分配迴轉動力

～差速齒輪與最終減速齒輪～

　　吸收迴轉速度之類的速度差稱為「差速」，吸收轉速差的齒輪裝置稱為「差速器」。一般會採用「傘齒齒輪」作為差速齒輪，也有少部分採用行星齒輪組。其構造是2顆位置相對的差速側齒輪為輸出端，與傳動車輪的「驅動軸」相連，另有2顆（部分差速器採用4顆）與兩側的側齒輪相嚙合的「差速小齒輪」則固定在「差速器殼」上。而差速器殼為輸入端，由變速箱傳動。差速小齒輪除了自轉之外，也可以隨著差速器殼公轉。差速齒輪的自轉運動相當於上一節所說明的外齒齒輪迴轉，公轉運動則相當於外齒齒輪位移。

　　當汽車直線行駛時，由於左右驅動輪承受相同的阻力，差速小齒輪並不會自轉，只會公轉，並且藉由公轉對差速側齒輪傳遞迴轉動力。當汽車轉彎時，由於彎道內側的驅動輪所承受的阻力較大，差速小齒輪會自轉，將迴轉動力由阻力較大的一側傳導至阻力較小的那一側，以提高彎道外側車輪的轉速。

　　通常，位於差速器殼外側的齒輪，以及與該齒輪嚙合以輸入迴轉動力的齒輪組合稱為「最終減速齒輪」。在設計上，利用變速箱將車輪轉速減至轉彎所需並非不可行，但是這樣的作法將會導致扭矩大增，而且變速機構或軸類的結構也必須做得相當堅固才經得起負荷，這意味著傳動系統的整體結構一定是龐大又沉重。為了避免以上缺點，汽車工程師便會在接近車輪的位置，設置最終減速齒輪以執行最終減速工作。

■ 圖 1　差速齒輪與最終減速齒輪

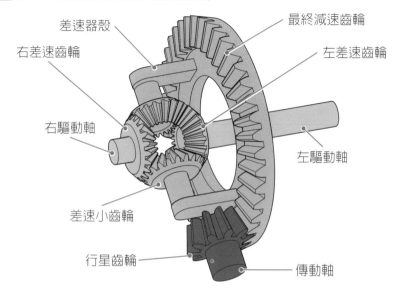

上圖是主要使用於 FR（前置引擎後輪驅動）車的差速齒輪與最終減速齒輪。由於輸入端（即引擎端）與輸出端（即車輪端）的轉軸成直角關係，因此採用的是傘齒齒輪。若為 FF（前置引擎前輪驅動）車，由於輸入端與輸出端的轉軸成水平關係，因此兩端皆使用外齒齒輪。

■ 圖 2　差速齒輪的作動情形

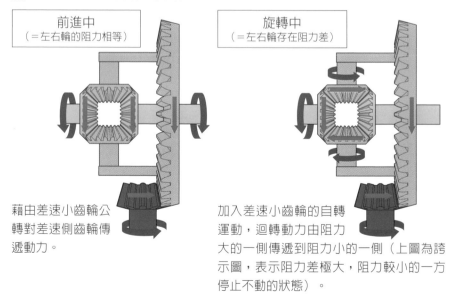

前進中
（＝左右輪的阻力相等）

旋轉中
（＝左右輪存在阻力差）

藉由差速小齒輪公轉對差速側齒輪傳遞動力。

加入差速小齒輪的自轉運動，迴轉動力由阻力大的一側傳遞到阻力小的一側（上圖為誇示圖，表示阻力差極大，阻力較小的一方停止不動的狀態）。

化解差速器的弱點，同時提升過彎性能

～限滑差速器（LSD）～

　　儘管差速器是順暢過彎不可或缺的優異裝置，依然存在著弱點。

　　差速器會依據左右驅動輪的阻力差執行差速作業。但是當車輛行駛於積雪或是泥濘道路，單側驅動輪打滑而空轉時，由於空轉的驅動輪所承受的阻力非常微弱，會導致迴轉動力全數往空轉的驅動輪傳遞，並且使得另一側輪胎著地的驅動輪停止轉動，無法脫離困境。即使不是在單側驅動輪發生空轉之類的極端路況，差速器依然存在著弱點。

　　路況不可能均一無變。例如在剛下完雨的道路上，潮濕路面與乾燥路面錯落分布，各區塊的摩擦力極限值不盡相同，當左右驅動輪同時接觸摩擦力極限相異時，差速器便會作動，破壞行車穩定性——過彎時不穩定性高，尤其危險。

　　為了消除以上弱點，車輛必須搭載限制差速器作動的裝置，名為「限滑差速器」（Limited Slip Differential，簡稱 LSD）。限滑差速器有多種類型，最廣為使用的是「黏性耦合（Viscous Coupling）式」，屬於轉速差感應型扭矩傳遞裝置的一種，藉由黏性耦合連結差速器的左右輸出以限制差速。黏性耦合式限滑差速器無法在轉速無差異的狀態下傳遞扭矩；一旦轉速差出現時，便可將扭矩自轉速快的一側傳遞至轉速慢的那一側。

　　此外另有利用濕式多片離合器且藉由電腦調控施壓力道，以便配合行車狀況限制差速的「電子式差速器」。

■ 圖 1　差速器的弱點

當左右某一側的驅動輪陷入泥濘而空轉時，該側車輪的阻力會降至極小，並且所有迴轉動力會往陷入泥濘的車輪傳送，導致另一側車輪停止轉動，車輛陷入進退不得的困境。

■ 圖 2　限滑差速器（LSD）

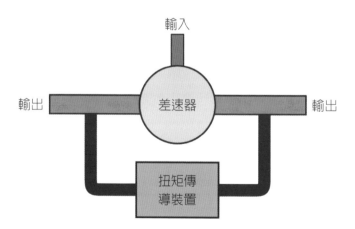

在直線前進等左右驅動輪無轉速差異的情況下，扭矩無法被傳遞出去。在過彎等左右輪存在轉速差異時，扭矩便會由轉速較快的一側傳送至轉速較慢的一側。

相對位置改變依然可藉由軸類傳遞迴轉動能

~軸類與萬向接頭~

將迴轉動力自差速器傳導至車輪的軸稱為「驅動軸（drive shaft）」。在 FR（前置引擎後輪驅動）車或 4WD（四輪驅動）車中，可以傳動差速器的軸稱為「傳動軸（propeller shaft）」。這兩種軸都是構造單純的鐵桿，但為求輕量化而設計成中空結構。

車輪與車體的相對位置會因為懸吊而改變。在 FR 車或 4WD 車中，變速箱與差速器的相對位置也會改變，因此相關軸類必須於兩端配備「萬向接頭（universal joint）」。

傳動軸所使用的萬向接頭稱為「鉤型接頭（hook joint）」。在一定時間與轉數中，鉤型接頭的輸入端與輸出端同樣得在一個轉次之內改變角速度（在一定時間內旋轉的角度），改變方法視輸入軸與輸出軸的夾角而定。而且即使差速器移動位置，變速箱側轉軸與差速器側轉軸也總是保持水平關係。這麼一來，單側接頭的角速度變化與相對位置的接頭的角速度變化剛好可以互相抵消。

在驅動軸方面，車輪的動作較為複雜，無法像變速箱與差速器般擁有恰到好處的位置關係。因此，驅動軸需要使用「等速接頭」。等速接頭是萬向接頭中的一種，包含許多類型，但是都可以當作滾珠或滾軸的媒介，將原始角速度傳遞出去。等速接頭由於構造較為複雜，因此造價較鉤（型）接頭高昂。

■ 圖 1　鉤型接頭的構造

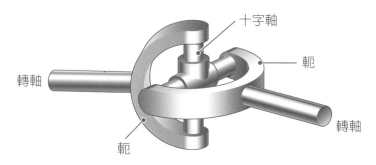

十字軸

軛

轉軸

轉軸

軛

■ 圖 2　角速度變化相抵情形

前側鉤型接頭　　　　平行　　　　後側鉤型接頭

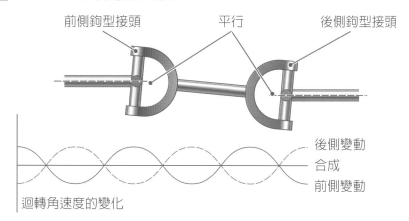

後側變動

合成

前側變動

迴轉角速度的變化

維持平行，抵銷角速度的變化。

■ 圖 3　驅動軸與等速接頭

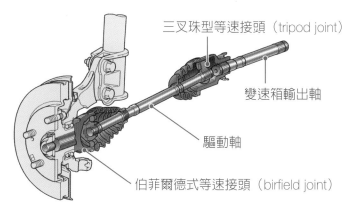

三叉珠型等速接頭（tripod joint）

變速箱輸出軸

驅動軸

伯菲爾德式等速接頭（birfield joint）

四輪驅動的唯一敗筆：
不宜全程使用

~四輪驅動~

提起 4WD（四輪驅動）車，許多人的印象是「能穿越無鋪裝道路之類的險惡路況的車種」。的確，只要把驅動力傳遞到四顆車輪，即使路面凹凸不平，部分車輪懸浮於路面之上，4WD 車幾乎還是有辦法行駛。不過，4WD 車的能力不僅止於穿越險惡路況而已。

汽車必須在輪胎與路面存在磨擦力的情況下才能發揮驅動力，但磨擦力也有極限。磨擦力與驅動力的單位並不相同，在此姑且以簡化方式說明兩者關係。假設，汽車引擎最大驅動力為 100 單位的引擎，2WD（二輪驅動）車的個別驅動輪最大可發揮 50 單位的驅動力；4WD 車的個別驅動輪最大則可發揮 25 單位的驅動力。又假設所行駛路面磨擦力的極限值為 30 單位。當 2WD 車平均傳遞 50 單位驅動力給個別驅動輪的時候，一定會打滑，因此必須限縮引擎的能力，並且限制兩顆車輪合計最多只能發揮 60 單位驅動力才行。然而相同的路面換成 4WD 車行駛，100 單位的驅動力便可完全發揮。

假如行駛在積雪或冰凍之類容易打滑的路面，2WD 車或 4WD 車就大有差別。假設摩擦力的極限值是 10 單位，那麼 2WD 車只能夠發揮合計 20 單位的驅動力，而 4WD 車卻可發揮合計 40 單位的驅動力，所以 4WD 車的行車狀況當然較 2WD 車穩定得多。

在過彎的時候，驅動力與側向力兩者皆為摩擦力的反作用力，因此如圖 2 所示，關係式（驅動力）^{2}＋（側向力）^{2}＝（摩擦力的極限值）^{2} 便可成立。在所有車輪都可以發揮相同驅動力的情況下，每顆車輪都可以分攤到一點點驅動力的 4WD 車便可獲得較大的側向力，平穩過彎。換句話說，也可以較高速度過彎，並且較安全地過彎。

如上所述，4WD 是高行車性能的驅動方式。但由於搭載零件較多，車體較重，行車阻力也較大，不利於油耗表現。

■圖 1　4WD 與 2WD 的驅動力

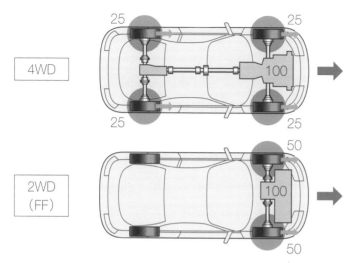

以圓代表摩擦力的極限。假設圓的半徑為 30 單位。毫無疑問地，4WD 車的每顆車輪可以發揮 25 單位的驅動力。但是，即使 2WD 的驅動輪各發揮 50 單位的驅動力，車輪還是會打滑。

■圖 2　4WD 與 2WD 的過彎情形

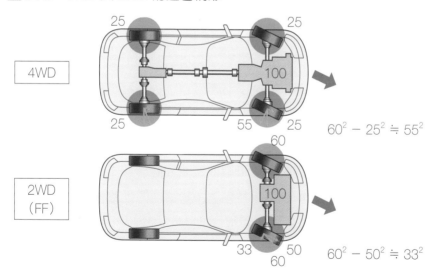

$$60^2 - 25^2 \fallingdotseq 55^2$$

$$60^2 - 50^2 \fallingdotseq 33^2$$

由於驅動力的反作用力（摩擦力）與側向力的反作用力（摩擦力）互以直角相交，因此兩者的合力必須限縮在摩擦力的極限值之內。假設摩擦力的極限值是 60 單位，引擎的驅動力是 100 單位，那麼各驅動輪皆擁有一點點驅動力的 4WD 的側向力便會增大，旋轉向心力也隨之增大。

吸收前後輪的轉速差異，流暢過彎

　　過彎時，左右驅動輪的轉速差可以藉由差速消彌。但對四輪驅動車而言，由於四顆車輪各自以不同的迴轉半徑過彎，所以前後輪（左右前輪的平均與左右後輪的平均）會出現轉速差異，也有必要消彌。

　　差速方式有數種，最簡單方法是使用差速器，也就是裝設差速齒輪裝置。這種差速器稱為「中央差速器」，除了利用傘齒齒輪，也可利用行星齒輪。儘管齒輪的配置方式等結構各有不同，動力傳導路徑基本上都是由變速箱輸出至中央差速器，經由中央差速器傳導至前後驅動輪的差速器。在四輪驅動車方面，由於驅動輪差速異常時，差速器的弱點（請參考第140頁）會造成很大的影響，所以通常會搭載限滑差速器或電子控制式差速器以限制中央差速器的差速。採用電子控制式差速器的優點則是能配合行車情況調整前後扭矩分配，進而提高四輪驅動車的行車性能。

　　另有「電子控制式四輪驅動」系統，不採用中央差速器，而是藉由電腦調整觸壓力道的濕式多片離合器分配動力。電子式基本上是以前輪或後輪作為基準，將動力分配給反方向的驅動輪，比例大約為50：50 ～ 100：0。優點是可以配合行車狀況調整扭矩分配，進而提高四輪驅動車特有的行駛性能。

　　電子控制式四輪驅動系統可令四顆車輪隨時產生驅動力，因而有「全時四輪驅動」之稱，廣受特別著重險惡或雪地路面的行駛性能的車種，或是希望提高行駛性能的跑車所採用。

■ 圖 1　中央差速機構與全時四輪驅動

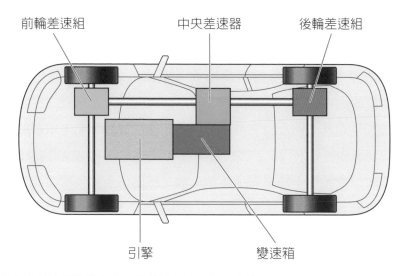

前輪差速組　　中央差速器　　後輪差速組

引擎　　　　變速箱

藉由中央差速器將動力分配至前後方以調整車輪轉速，執行四輪驅動。

■ 圖 2　電子控制式扭矩分配型全時四輪驅動

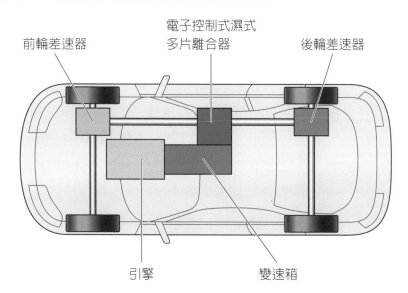

電子控制式濕式
多片離合器

前輪差速器　　　　　　　後輪差速器

引擎　　　　變速箱

圖例為 FR（前置引擎後輪驅動）車的基本結構，藉由濕式多片離合器傳送動力至前輪。藉由電腦控制系統控制輸往前輪的動力。

必要時自動由二輪驅動切換成四輪驅動

～適時四輪驅動～

　　一般轎車普遍採用的四輪驅動系統為「適時四輪驅動系統」（Part-Time 4WD）。意即在一般情況下是利用二輪驅動，在過彎等需要提高行車性能與安全性時才會自動切換成四輪驅動。由於該系統是在二輪驅動模式下待命，因此日本習慣稱之為「待命式四輪驅動」。分時四輪驅動系統不採用電子控制，而是被動地依照行車狀況切換至四輪驅動模式，因而又有「被動式四輪驅動」系統之稱。

　　適時四輪驅動系統通常搭載於 FF（前置引擎、前輪驅動）車。傳導至前差速器的迴轉動力也會傳送至傘齒齒輪，透過傳動軸傳送至後差速器。傳動路徑中配備轉速差感應型扭矩傳導裝置。扭矩傳導裝置有各種類型，最普遍為黏性耦合式。採用黏性耦合式扭矩傳導裝置的適時四輪驅動系統又稱為黏性耦合式四輪驅動系統。

　　扭矩傳導裝置的輸入端接受來自變速箱、轉速與前輪相同的迴轉動力，輸出端則傳送與後輪相同轉速的迴轉動力。在直線前進等前後輪無轉速差異的狀態下，該裝置並不傳導扭矩。當過彎等各車輪出現轉速差異時，該裝置才會傳導扭矩，使車輛以四輪驅動模式行駛，並且在過彎或行車動作可能出現混亂時提高行車穩定性，以確保行車安全。

　　部分汽車型錄等將適時四輪驅動系統當成全時四輪驅動系統介紹。嚴格來說，它雖然也有進入二輪驅動模式的時候，但由於各區段路況有所不同，車輛實際行駛於路面時幾乎不可能不遭遇各車輪出現轉速差的狀況，因而出現「隨時以四輪驅動模式行車＝全時四輪驅動」這種說法。

■ 圖 1　適時四輪驅動系統

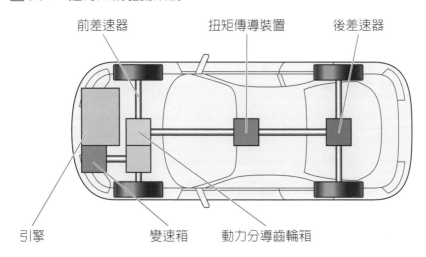

前差速器　　　扭矩傳導裝置　　　後差速器

引擎　　　　　變速箱　　　動力分導齒輪箱

變速箱利用前差速器與傘齒齒輪，藉由動力分導齒輪箱將動力傳導至傳動軸。傳動軸上配備差速感應型扭矩傳導裝置。

■ 圖 2　適時四輪驅動系統的作動方式

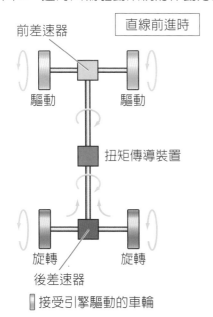

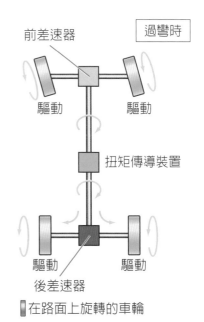

前後輪無轉速差時以 2WD 模式行駛。

前後輪出現轉速差時進入 4WD 模式行駛。

專欄5　環形無段變速箱

　　一九九九年日產為市售車搭載「環形無段變速箱」（Toroidal CVT），成為世界創舉。當時的帶式無段變速箱無法傳導巨大扭矩，因此僅限小型車搭載。環形CVT則能傳導巨大扭矩，因而可搭載於大型車。環形CVT擁有2片弧面獨特、位置相對的圓錐形碟盤，兩碟盤之間設置滾軸。其變速方法為改變滾軸的角度，以改變滾軸與碟盤的接觸位置。

　　環形CVT一度成為萬眾期待的配備，可惜造價高昂，且傳導效率低落。為了謀求改善，相關研究開發如火如荼地展開。然而這期間，帶式CVT的開發也有飛躍性的進展。最後，可以傳導巨大扭矩的帶式CVT問世，迫使搭載環形CVT的車款於二○○五年終止生產。日產這款環形CVT以「X-troid」命名，同廠生產的帶式CVT命名為「XTRONIC」，乍聽之下兩者恐有混淆之嫌，愛車的朋友必須稍加留意。

▍環形無段變速箱的原理

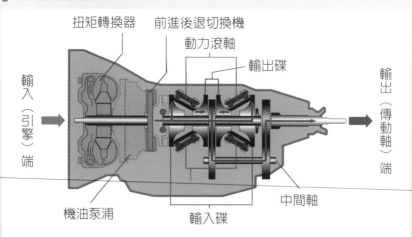

利用圓錐狀碟盤與滾軸變速。優點是可以傳導巨大扭矩，缺點是傳導效率不彰。

第 6 章

使汽車停止行進與轉向的機械原理

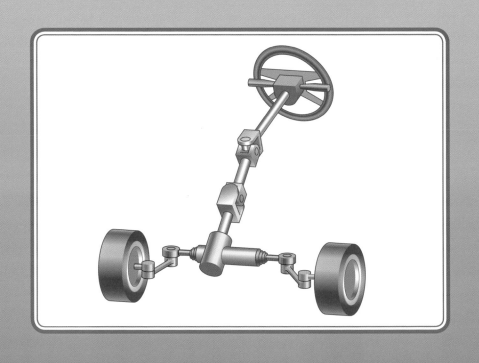

06-01　使汽車減速的制動力來自於摩擦力的反作用力

～制動力與摩擦力～

　　卡通經常會出現緊急煞車的畫面：「車輪停止轉動，而且因為與路面產生摩擦，所以車輪會一路冒著白煙」，然而這個情況完全悖離現實。實際上，一旦車輪停止轉動，車輪就只會在路面上打滑。因為車輪與地面並非完全沒有產生摩擦，只是沒那麼大而已。

　　如同驅動力即為摩擦力的反作用力，使汽車減速或停止行進的制動力其實也是「摩擦力的反作用力」。以該時點的行車速度會使車輪得以較原本慢的速度轉動，車輪與路面之間就會產生摩擦，產生制動力。只要讓車輪轉動得愈慢，摩擦力愈大，制動力也就愈大。

　　但是，如同驅動力的產生，車輪與路面之間的摩擦力也有其極限值。讓車輪轉動得太慢會使摩擦力超過極限值，導致摩擦消失。一旦摩擦消失，車輪就會停止轉動──這稱為「車輪鎖死」，導致車輪在路面上滑行，而且摩擦力也變得非常小。

　　在斜坡道上，由於車輪擠壓路面的力量變小，導致摩擦力的極限值降低，車輪鎖死的情況也很容易發生。尤其在下坡，由於車體重量水平於路面的分力的作用如同驅動力，因此車輛所需要的制動力大於在沒有傾斜的路面。

　　然而，駕駛人很難在察覺摩擦力到達極限值以後才踩煞車。所幸現在已經開發出防止車輪鎖死煞車系統，英文簡稱 ABS（Anti-Lock Braking System，請參考第 162 頁），不需要特別操作煞車踏板即可發揮效果，而且已經列為一般配備。

■ 圖 1　缺乏摩擦力車子便停不住

車輪停止轉動，然後緊急煞車的情況僅限於卡通世界。在現實世界中，車輪一旦停止轉動，煞車就會失效。

■ 圖 2　摩擦力與制動力的關係

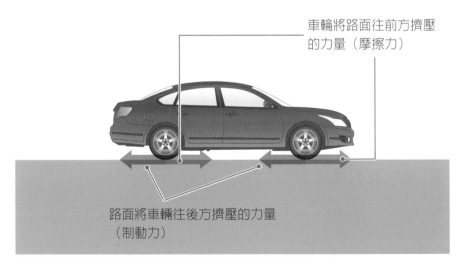

車輪將路面往前方擠壓的力量（摩擦力）

路面將車輛往後方擠壓的力量（制動力）

路面將車輛往後方擠壓的力量，（即制動力）來自車輪將路面往前方擠壓的力量，也就是摩擦力的反作用力。

藉由油壓機構將踩油門的力量
傳遞至煞車本體

~腳煞車~

　　降低車輪轉速以牽制汽車行動的裝置稱為「制動系統」。制動系統本身也是利用摩擦力的裝置，藉由產生摩擦熱方式將動能轉換成熱能，以降低車輪轉速。

　　制動系統配置於車輪的轉軸，即車軸上實際產生摩擦熱的部分稱為「煞車本體」。煞車本體分為「碟煞」與「鼓煞」兩種。

　　由於作動煞車本體的力量來自駕駛人的踩踏力量，因此該制動裝置稱為「腳煞車」。制動力的傳導則是利用油壓機構。

　　腳煞車踏板附近配備由活塞與汽缸組合而成、負責產生油壓的「煞車總泵」。煞車本體同樣配置藉由油壓產生力量的活塞與汽缸組，透過「煞車油（軟）管」與煞車總泵相連。駕駛人踩下煞車踏板即可使煞車總泵產生油壓，利用油壓作動煞車本體。

　　在油壓機構方面，只要配管中有任何一個地方出現破洞，負責傳導油壓的液體便會自該孔洞外洩，無法傳導制動力。因此油壓機構一定會分拆成兩組系統，以求安全。一般分組方法是將右前輪與左後輪配對成一組，左前輪與右後輪配對成另一組。上述配法使配管呈 X 字形交叉，因此稱為「X 型配管系統」。順帶一提，ABS 防車輪鎖死煞車系統的元件就配置在腳煞車的油壓配管上。

■ 圖 1　煞車的油壓機構

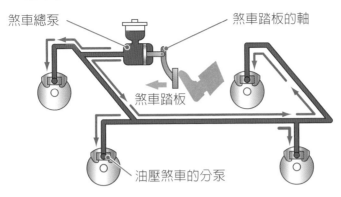

煞車總泵

煞車踏板的軸

煞車踏板

油壓煞車的分泵

駕駛人踩踏煞車踏板的力量會經由煞車總泵轉換成油壓，然後輸送至各輪胎的煞車本體。

■ 圖 2　煞車的油壓路徑

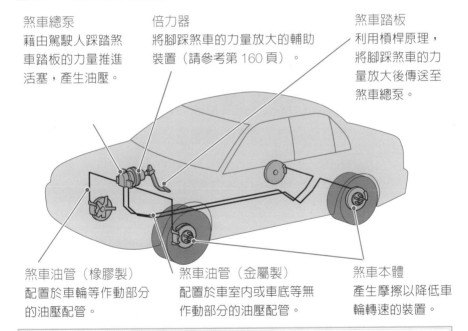

煞車總泵
藉由駕駛人踩踏煞車踏板的力量推進活塞，產生油壓。

倍力器
將腳踩煞車的力量放大的輔助裝置（請參考第 160 頁）。

煞車踏板
利用槓桿原理，將腳踩煞車的力量放大後傳送至煞車總泵。

煞車油管（橡膠製）
配置於車輪等作動部分的油壓配管。

煞車油管（金屬製）
配置於車室內或車底等無作動部分的油壓配管。

煞車本體
產生摩擦以降低車輪轉速的裝置。

煞車液

在腳煞車的油壓機構中負責傳導油壓的液體，過去稱為煞車油，現在業界多以「煞車液」稱之。

由兩側夾住圓盤，利用摩擦熱來減速

～碟式煞車（碟煞）～

「碟式煞車」系統中有個金屬圓盤會隨著車軸迴轉，並且會利用摩擦材料壓制金屬圓盤兩側，產生摩擦力使車子停下來。這個圓盤部分稱為「碟型轉子」或稱煞車碟盤。摩擦材料稱為「煞車片」。部分煞車系統是每片煞車片配備一組分泵與活塞，但一般是由一組分泵與活塞作動碟型轉子兩側的煞車片。裝設煞車片的部分稱為「煞車卡箝」，內部包藏分泵與活塞組。

煞車卡箝夾住碟型轉子的兩側，煞車片裝設在面對碟型轉子的那一側。卡箝可隨碟型轉子的旋轉方向轉動。如圖 2 所示的碟煞系統中，煞車總泵以油壓推擠活塞後，右側煞車片便會往左移動以箝制轉子。這時煞車卡箝的角色便是承受煞車片箝制碟型轉子所產生的反作用力。

活塞遭油壓推擠時，配置於活塞周圍的橡膠製「活塞油封」便會變形。當駕駛人的腳離開煞車踏板，油壓隨之下降以後，活塞便會在油封的彈力作用之下回復原位，使煞車片離開碟型轉子。

由於煞車最怕過熱（請參考下一節內容），因此部分碟煞系統在碟型轉子上安排放射狀孔洞，以利空氣通透，達到加速散熱的效果。這種碟煞稱為「通氣碟式煞車（ventilated disc brake）」。

■ 圖 1　碟煞

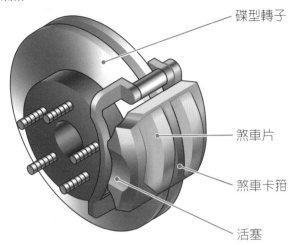

碟型轉子

煞車片

煞車卡箝

活塞

■ 圖 2　碟煞的作動方式

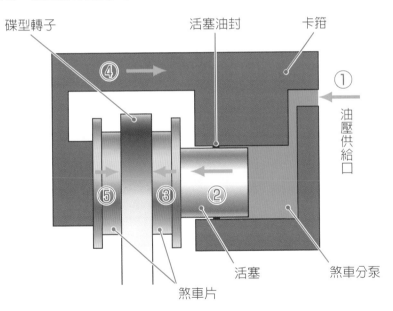

碟型轉子　　　活塞油封　　　卡箝

油壓供給口

煞車片

活塞

煞車分泵

① 煞車總泵產生油壓。
② 活塞前進。
③ 右側煞車片壓制碟型轉子。
④ 利用推動右側煞車片的反作用力移動煞車卡箝。
⑤ 煞車卡箝移動，箝制左側煞車片。

將摩擦材料推入圓筒內，利用摩擦熱減速

～鼓式煞車（鼓煞）～

　　「鼓式煞車」系統中有個金屬圓筒會隨著車軸旋轉，並且會利用摩擦材料往金屬圓筒內推，產生摩擦力使車子停下來。圓筒即「煞車鼓」，摩擦材料為「煞車蹄片」（實際摩擦部位為貼合於其上的煞車來令片）。鼓式煞車有多種構造型式。一般結構如圖 1 所示，於兩側的煞車蹄片下方設置支點，煞車蹄片上方配備「煞車分泵」，屬於「引導型煞車蹄片式」。它的作動方式為：煞車總泵送出油壓使煞車分泵朝兩側開啟以壓制煞車蹄片。油壓降低以後，煞車蹄片即可在回動彈簧的彈力作用之下回復原位。

　　在引導型煞車蹄片式鼓煞系統中，行進方向的蹄片（引導型煞車蹄片）受到壓制以後會隨著煞車鼓旋轉，並且受到更強力的壓制——這稱為「自我倍力作用」。這種作用可以增強鼓煞的摩擦力。

　　使用煞車以後，摩擦熱會使煞車本體周邊的溫度升高。然而高溫環境會降低摩擦材料的摩擦能力，導致制動機能衰退，引發危險。另外，過熱也會使液體沸騰而昇華成氣體，造成氣阻（Vapour Lock）的現象，導致煞車無法藉由油壓傳導制動力，相當危險。在結構上，鼓煞擁有不易散熱的缺點；碟煞則相對容易散熱，比較不需要擔心過熱問題。

　　此外，水分等附著在摩擦材料上也會降低磨擦力。而鼓煞正有水分容易附著於內部這項缺點。相對於此，碟煞旋轉所產生的離心力恰好可以使水分飛離摩擦材料。雖然就制動能力而言，鼓煞可以利用自我倍力作用而發揮較強大的制動能力，但不易發生過熱與水分附著問題的碟煞還是整體煞車系統的主流。

■ 圖 1　鼓煞

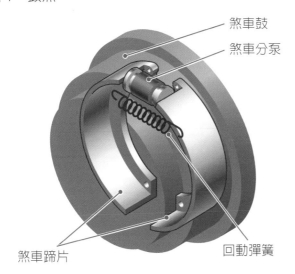

煞車鼓
煞車分泵
煞車蹄片
回動彈簧

■ 圖 2　自我倍力作用

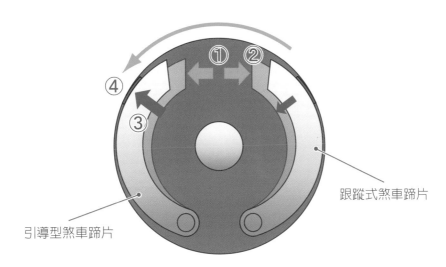

跟蹤式煞車蹄片
引導型煞車蹄片

① 油壓被送進來。

② 煞車分泵朝左右兩側開啓。

③ 煞車蹄片壓制煞車鼓。

④ 左側蹄片開始隨煞車鼓迴轉，但該迴轉力量反而會使蹄片被煞車鼓壓制得更緊。

※ 右側蹄片隨煞車鼓迴轉雖然也會招致反作用力，但因壓制力量較強，所以摩擦力不太會因此降低。

利用大氣壓力來輔助
踩踏煞車踏板的力量

～倍力器～

　　煞車踏板是利用槓桿原理，將駕駛人踩煞車踏板的力量放大並傳導至煞車總泵。另外，油壓機構也可以放大力量。對於高速行駛且具有相當重量的汽車，單憑駕駛人的腳力很難達到制動效果。因此，必須於車輛裝設「倍力器」作為輔助，巧妙利用大氣壓力與進氣負壓的壓差才能達成制動目的。

　　倍力器是圓筒與活塞的組合，配置於煞車踏板與煞車總泵之間。相當於活塞的部分稱為「膜片（diaphragm）」，安裝在煞車踏板至煞車總泵之間的軸桿上，兩側導入進氣負壓，由接近踏板側、可以和軸桿連動的閥門切換進氣負壓與大氣壓力。

　　在駕駛人尚未踩下煞車踏板時，膜片的兩側屬於進氣負壓狀態，不會對膜片施力。當駕駛人下踩煞車踏板，推動軸桿，閥門被切換以後，膜片的兩側就會停止進氣負壓，而且膜片的接近煞車踏板的那一側就會被大氣壓力開啟，使膜片兩側發生壓力差，將膜片往煞車總泵那邊推——這股力量就是輔助駕駛人踩煞車踏板的力量。

　　然而，搭載怠速熄火系統的汽車在停車時引擎會停止的關係，因而無法產生負壓，以致於原本的倍力器無法發揮作用。所以這類型的汽車通常以搭載專用電動泵浦方式來產生負壓。另一種方法就是棄用倍力器，改用油壓輔助。同樣是利用電動泵浦產生油壓，但會視需要提高煞車系統中的油壓裝置的油壓。以上輔助煞車系統與 ABS 防止車輪鎖死煞車系統都由電腦統一控制。

■ 圖 1　倍力器的構造

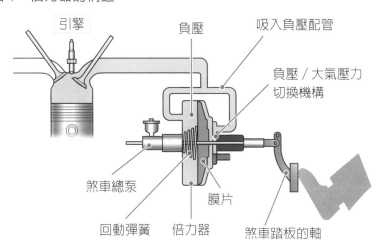

引擎　　　負壓　　　吸入負壓配管

負壓 / 大氣壓力
切換機構

煞車總泵

膜片

回動彈簧　倍力器　　煞車踏板的軸

■ 圖 2　倍力器的作動方式

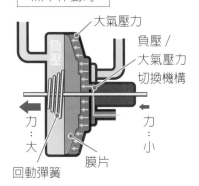

| 煞車不作動時 | 煞車作動時 |

吸入負壓

負壓 /
大氣壓力
切換機構

往煞車總泵

大氣
壓力

來自煞車踏板

回動彈簧　膜片

大氣壓力

負壓 /
大氣壓力
切換機構

力
：
大

力
：
小

回動彈簧　膜片

膜片的兩側皆為進氣負壓，
因此膜片並不受力。

膜片的其中一側變成大氣壓力以後，大
氣壓力與進氣負壓的壓差便會作用於膜
片上，成為輔助力量。

煞車倍力器

煞車倍力器可說是擁有最多日文說法的汽車裝置。每種說法都源自倍力器的
機能或原理。常見說法例如：「煞車倍力器」、「煞車伺服器」、「真空倍
力器」、「真空伺服器」。主要指採用倍力器的制動系統全體時也會採用
「伺服煞車」、「動力煞車」這兩種說法。

控管輪胎與路面的摩擦力不至超越極限

～防止車輪鎖死煞車系統（ABS）～

　　緊急煞車等一下子就將車輪轉速降得太低的駕駛動作可能會引發車輪鎖死的現象。車輪一旦鎖死，制動力就會變得非常微弱，導致煞車距離增長，甚至可能使車輛胡亂滑行，讓駕駛人不知該怎麼控制車輛才好。此外，車輪一旦在路面上滑行，駕駛人即使操作方向盤也無法改變車輛滑行的方向，因而喪失迴避危險的能力。所謂的 ABS，即防止車輪鎖死的煞車系統正是爲了防止以上狀況而誕生。

　　ABS 是由「油壓控制元件」（ABS 元件）與各種感應器及電腦組成。由於路面與車輪並非均勻無變化，各個車輪的迴轉速度或摩擦力的極限值也隨時都在變化，因此每顆車輪皆配備車輪轉速感應器以便偵測車輪轉速。此外，汽車還可以經由電腦透過能感應減速度的加速度感應器（G sensor）或從車速資料來監測車輪的狀態。電腦一旦判斷出某車輪可能陷入鎖死狀態，便會立即對油壓控制元件下達指示。

　　油壓控制元件有多種結構類型，最基本的是由煞車總泵阻斷往可能陷入鎖死狀態的車輪的煞車本體的油壓，接著讓煞車本體方面的油壓流至預備箱，以削弱煞車的作動程度。等到車輪轉速回復到可以發揮制動力的狀態時，便讓車輪維持在該狀態。相反的，假如車輪的轉速變得太快，導致制動力無法充分發揮的話，煞車總泵便會再次對煞車本體輸送油壓。由於 ABS 能在一瞬間一再重複以上動作，所以可以使車輪維持在最大限度的制動力，並且避免車輪鎖死的現象發生。

■圖 1　ABS 的構造

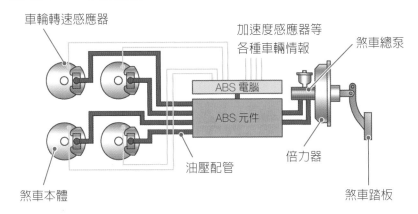

車輪轉速感應器

加速度感應器等
各種車輛情報

煞車總泵

ABS 電腦

ABS 元件

倍力器

油壓配管

煞車本體

煞車踏板

■圖 2　ABS 的作動方式

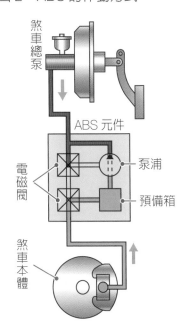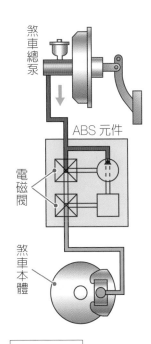

煞車總泵

ABS 元件

泵浦

電磁閥

預備箱

煞車本體

煞車總泵

ABS 元件

電磁閥

煞車本體

減壓模式

自煞車總泵阻斷油壓，使煞車本
體側的油壓流進預備箱，降低作
用於煞車本體的油壓。

保壓模式

油壓達到最合適的狀態後，煞車總泵
便會阻斷煞車本體方面的油壓，以維
持一定程度的油壓。等到需要調高油
壓的時候，再從煞車總泵送出油壓。

鉤住棘爪便可使駐車煞車維持作動狀態

～駐車煞車～

在停車時，希望車輛停駐在某位置的話，就必須使用「駐車煞車」（手煞車）。駐車煞車分為兩種類型，一種必須使用手拉桿，另一種則必須使用腳踏板。駐車煞車的本體通常會與腳煞車共用，部分藏於腳煞車的碟煞轉子內，部分則另外配置駐車煞車專用鼓煞。至於駐車煞車所使用的車輪，通常只使用前輪或後輪其中一方的兩顆車輪。

駐車煞車會藉由鋼繩傳導制動力，並且由「棘輪機構」來維持作動狀態。棘輪機構由外齒齒輪與棘爪組成。棘輪機構所使用的齒輪，其兩側齒面的傾斜角度不同於一般的齒輪。棘爪會利用彈簧的彈力鉤住棘輪的棘齒。棘輪裝設於駐車煞車的手拉桿的基部。而煞車本體附近則設置可幫助維持解除煞車狀態的回動彈簧。

拉起駐車煞車的手拉桿時，棘爪便會登上棘齒的緩和面，接著越過齒頂，毫無障礙。我們在操作駐車煞車時聽到煞車機構發出的喀喀聲響，正是棘爪越過齒頂後往下掉落所發出的聲響。拉起手拉桿直到棘爪到達煞車本體作動的位置後鬆手，棘爪雖然會因為彈簧的彈力而準備恢復原位，但因為棘爪會被棘輪的陡峭齒面給鉤住，所以棘爪只會停留在該位置。解除駐車煞車的方式是壓下按鈕。當按鈕被按下以後，棘爪便會被棘輪往上抬升，隨即藉由彈簧的彈力回復原位。

■ 圖1　駐車煞車

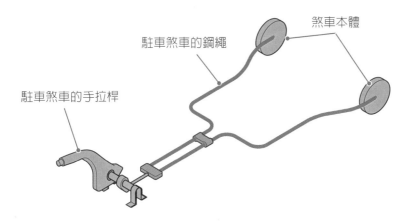

煞車本體

駐車煞車的鋼繩

駐車煞車的手拉桿

■ 圖2　棘輪的作動方式

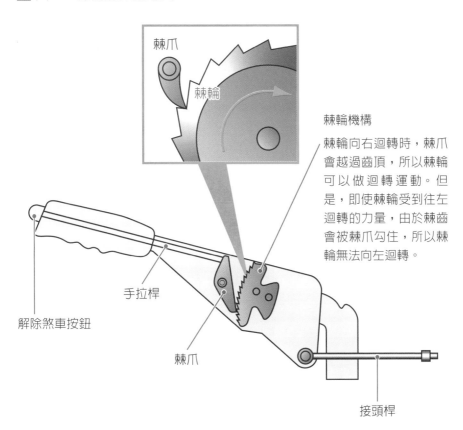

棘爪

棘輪

棘輪機構

棘輪向右迴轉時，棘爪
會越過齒頂，所以棘輪
可以做迴轉運動。但
是，即使棘輪受到往左
迴轉的力量，由於棘齒
會被棘爪勾住，所以棘
輪無法向左迴轉。

手拉桿

解除煞車按鈕

棘爪

接頭桿

需有力量對抗離心力才能轉彎

~離心力與向心力~

　　有些繪者會以車身向彎道內側傾斜的方式來呈現汽車過彎的畫面。的確，腳踏車與摩托車在過彎時都會有車身向彎道內側傾斜的現象。不過汽車正好相反。因為在「離心力」的影響之下，汽車的車身會朝彎道外側傾斜。但是汽車乘客並不容易察覺，原因在於道路本身通常設計成朝彎道內側傾斜。有關汽車過彎時的動作，在下一節有詳細的說明。簡言之，無論轉向或過彎，汽車都會強烈地受到離心力的影響。順帶一提，過彎的腳踏車或摩托車之所以車體朝彎道內側傾斜，其實也是為了對抗離心力。

　　那麼，離心力究竟是什麼呢？離心力發生於物體從事圓周運動時。依照慣性法則，物體運動時會維持原本的方向且持續運動。希望物體從事圓周運動的話，就必須施與物體朝向圓心的力量，即「向心力」。物體受到向心力作用會改變原本的運動方向，而且由於向心力持續在作用的關係，物體就會變成圓周運動。既然有向心力使物體從事圓周運動，當然就會出現向心力的反作用力，也就是離心力。離心力與物體的質量成正比，也與速度的平方成正比。

　　在重錘的一端繫上橡膠繩，然後拎起來旋轉，重錘便會做圓周運動。這時，讓橡膠繩往內縮的力向便是向心力。重錘會以一定的速度及一定的迴轉半徑作圓周運動。假如想要讓重錘迴轉得更快，就需要給重錘更大的向心力。而更大的向心力將使橡膠繩伸長，使圓周運動的迴轉半徑增大——我們不妨將這現象視為離心力增大。即使速度相同，重錘的重量變重，也會使得向心力＝離心力增大，導致圓周運動的迴轉半徑增大。

■ 圖 1　過彎動作

過彎時，汽車內的乘客往往會覺得車輛好像在往彎道內側傾斜。其實這是錯覺。事實上，車輛正在朝彎道外側傾斜。不過，路面通常也設計成往道路內側傾斜。

■ 圖 2　離心力與向心力

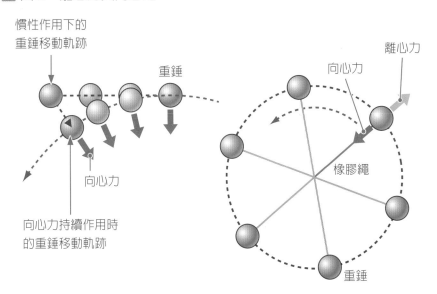

在使橡膠繩往內縮的向心力的作用之下，重錘會作圓周運動。離心力即向心力的反作用力。

藉由輪胎的摩擦與變形產生轉彎的力量

～轉向力與摩擦力～

　　讓汽車轉彎需要向心力。與驅動力或制動力一樣，向心力也是車輪與路面的「摩擦力的反作用力」。

　　汽車會以改變前輪方向的方式來轉換方向。此時，給與前輪的轉向角度稱為「轉向角」。朝容易轉動的方向前進是車輪具有的特質。在車速非常緩慢時，由於汽車所承受的離心力非常小，所以汽車會往車輪所朝向的方向前進。相反的，車速愈高，車輪所承受的離心力愈大，車輪容易側滑的關係，車輪所朝向的方向與行車方向往往會出現落差。在這種情況下，車輪中心線（車輪所朝向的方向＝車輪想要前進的方向）與行車方向的夾角即所謂的「側滑角」。

　　車輪側滑代表有摩擦力發生。車輪在側滑時會變形。由於車輪是橡膠製品，擁有彈性，遭遇變形時會自動產生恢復原形的力量。車輪與路面的摩擦力以及車輪恢復原形的力量的合力稱為「側向力」。側向力與車輪的中心線垂直。另一方面，由於汽車過彎所需要的向心力必須與車輪行進的方向垂直，因此在側向力中，只有垂直於車輪行進方向的向量屬於向心力，此即汽車的「轉向力」。

　　側向力中，車輪行進方向的水平向量是與行車方向相反的力量，屬於行車阻力。對於車輪，驅動力或制動產生的摩擦力幾乎同時發生，因此汽車在轉向時，實際作用於車輪的力量非常複雜。但為求解說方便，圖1僅說明與轉向有關的力量成分。

■ 圖 1　向心力與摩擦力

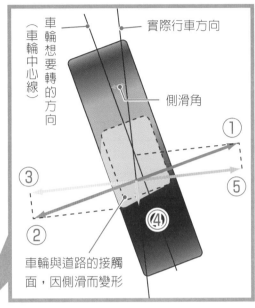

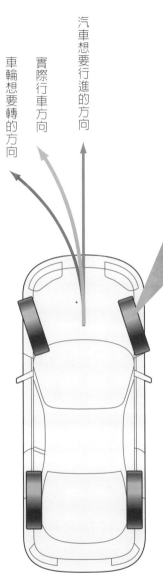

① 側滑：導致車輪轉向與行車方向發
　生落差的滑動。

② 側向力：側滑所引起的摩擦力與車
　輪復原變形之力的合力。

③ 轉向力：使汽車轉彎的向心力。側
　向力中與行車方向水平的向量。

④ 行車阻力：轉彎時使汽車降低速度
　的力量。側向力中與行車方向垂直
　的向量。

⑤ 離心力：轉向力的反作用力。

利用側推改變車輪轉向

改變車輪轉動方向的系統稱為「轉向系統」。客車通常採用前輪轉向式，將轉向系統安裝在左右前輪之間。

為了可以藉由轉向系統改變行車方向，前輪的固定位置，即輪轂部分的上下皆配置轉軸。自輪轂延伸至後方的棒狀零件稱為「轉向關節臂」，藉由轉向關節臂的左右推拉運動即可改變前輪的方向。

轉向系統由「方向盤」、「轉向軸」、「轉向齒輪箱」與「轉向連桿」等裝置所構成。轉向齒輪箱過去設計成滾珠搭配螺帽式，現代客車幾乎改採「齒條搭配小齒輪式」。齒條是板狀或棒狀的齒輪，與小齒輪同樣常為外齒齒輪所採用。所謂連桿機構，是由多數棒狀零件組成，負責傳導動力或運動的裝置，為機械的組成要素之一。順帶一提，從事擺首運動的零件通常稱為臂，從事推拉運動的零件通常稱為桿。

在齒條搭配小齒輪式轉向齒輪箱中，齒條配置在汽車的左右邊，齒條兩端配置稱為「拉桿」的棒狀零件，各個拉桿先端由轉向關節臂連結。駕駛人轉動方向盤即可使汽車轉向。駕駛人轉動方向盤的力量會經由轉向軸傳導至小齒輪。小齒輪轉動，與小齒輪相互咬合的齒條便會左右移動，齒條移動即可推拉轉向關節臂，帶動車輪轉向。

■圖 1　轉向系統

轉向軸
將方向盤的迴轉力傳導至轉向齒輪箱的
軸類。依據方向盤與轉向齒輪箱的位置
關係，部分轉向軸會在傳導途中配置萬
向接頭。

方向盤
供駕駛人操作的部分。

萬向接頭

轉向齒輪箱
將方向盤的迴轉運動轉換成
往復運動的齒輪裝置。也可
以放大力量。

拉桿
將齒條的運動傳導至轉向
關節臂的零件。

轉向關節臂
最終改變車輪方向的零件。

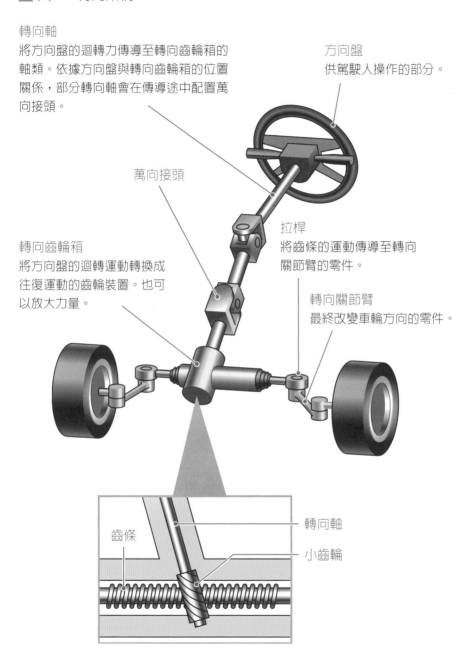

齒條

轉向軸

小齒輪

齒條與小齒輪的齒部幾乎全部採用斜齒。

利用油壓與馬達的力量
輔助方向盤操作

~動力轉向系統~

　　駕駛人利用轉向系統改變前輪方向的時候，由於承受車身重量的車輪與路面會發生摩擦，因此駕駛人需要使勁地操作方向盤。只要汽車在行進狀態之下，車輪轉動的同時就產生摩擦。由於車速愈高，摩擦力愈小，所以在停車時的轉向會遭遇相當大的摩擦力。因此，停車時能夠打方向盤這件事，對於路邊停車或倒車入庫而言，都是非常便利的設計。

　　轉向系統中，方向盤可以藉由槓桿原理放大力量，而轉向齒輪箱雖然也可以放大力量，卻無法在停車狀態下充分轉向，因此需要動力轉向系統提供倍力機能。

　　過去普遍採用「油壓式動力轉向系統」，利用油壓機構作為倍力裝置。油壓式動力轉向系統是在部分齒條中裝設活塞，在部分齒條設置油壓缸組成油壓機構，利用引擎驅動動力轉向系統的泵浦，即油壓泵浦，以輸送油壓，放大力量。然而，即使不使用油壓式動力轉向系統，引擎也必須隨時負擔它的油壓泵浦，因此在效率面不甚理想。

　　現代則以「電動式動力轉向系統」為主流，在方向盤（或轉向軸）裝設轉向角感應器，由電腦根據車速等資料判斷最合適的輔助力量後對馬達下達指令，施予倍力。馬達的配置方式有數種類型，部分類型針對轉向軸的轉動施予倍力，部分類型針對小齒輪的轉動施予倍力，也有部分類型針對齒條的移動施予倍力。

■ 圖 1　油壓式動力轉向系統

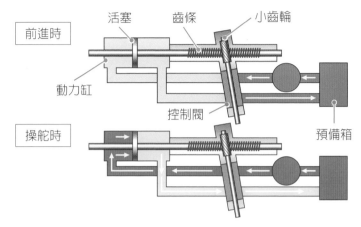

轉向軸可帶動配置於小齒輪附近的控制閥。油壓會被輸送至需要齒條的動力缸輔助的方向，再由活塞的對邊回收。在不需要輔助動力時（例如前進等場合），油壓並不會被輸送至任何地方。

■ 圖 2　電動式動力轉向系統

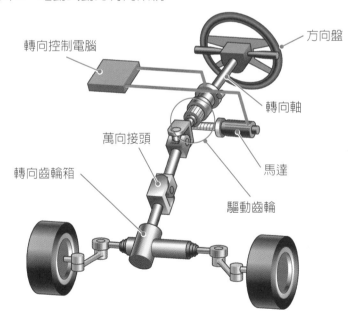

對轉向軸施予倍力的電動式轉向系統。由於馬達高速迴轉會增強力道，因此需要先利用減速機構減速以後再將動力傳導至轉向軸。

專欄6　引擎煞車

「引擎煞車」已經逐漸淪為汽車用語中的死語。雖然說是「煞車」，其實它並非是特定的煞車裝置。

車輛行駛中，當油門踏板完全恢復原位時，驅動輪的迴轉動力便會藉由動力傳導裝置傳導至引擎。由於這時並非燃料供給狀態，所以引擎沒有動力產出，但是汽缸卻處於進氣或壓縮行程。這時的活塞損失會變成阻力，使驅動輪轉得比較慢，也就是產生制動效果——這便是所謂的引擎煞車。

假如是手動排檔車，由於驅動輪與引擎之間屬於直接連結，因此引擎剎車的效果非常顯著。只要配合車速降檔得宜，直到停車以前幾乎都不太需要踩煞車。不過現在的主流車種——自動排檔車或無段變速車，由於引擎與驅動輪之間存在扭矩轉換器，引擎煞車就沒那麼顯著的效果。例如在D檔（前進檔），駕駛人幾乎很難感覺不出引擎的煞車效果，所以必須頻繁踩煞車。話雖如此，倒也不是自排車的引擎就發揮不了煞車效用。例如在二檔或一檔之下，引擎還是能夠發揮某種程度的煞車效果。因此建議駕駛人行駛長下坡等路段等，太頻繁踩煞車可能造成某些負面影響時，一定要降至二兩或一檔行駛，千萬別把引擎煞車當作死語對待。

▌即便駕駛自排車，一樣可以藉由排檔桿降檔，利用引擎煞車。

第 **7** 章　車輪與懸吊系統的機械原理

　　早期曾出現過三輪汽車，可惜在方向操控方面穩定性不佳，不擅長抵抗側向風，再加上車室空間不夠寬敞，所以現代的汽車則以四輪車為主流。但就空間而言，任意三點都可以在任意位置建立起共同的平面，但四個點可就不一定了。簡單來說，即使在凹凸不平的地面上，三支腳的椅子也能夠穩定站立。假如是四支腳的椅子，只要地面不完全平坦，那麼其中一支腳就會懸空，使得整張椅子無法穩定站立。情況換作汽車也一樣，假如四顆車輪完全固定於車身上，那麼只有行駛在完全平面的道路上，四顆車輪才能全部與地面接觸。

　　如同前面的篇章所述，汽車前進時需要驅動力，停車時需要制動力，過彎時需要轉向力，然而這三種力都必須在車輪與路面之間存在摩擦力時才能發揮。非但如此，假如左右輪的驅動力不相等的話，汽車就無法直線前進。在制動或轉向時，部分車輪懸空更會引發非常危險的情況。另外，假如車輪直接固定於車體上，行經凹凸不平路面所造成的震動也會直接傳遞至車身。

　　為了避免以上困擾，汽車於是發展出能夠確保車輪隨時著地的裝置，即「懸吊系統」。提到懸吊系統，許多話題都與乘車舒適性有關。這的確重要。但是，確保車輪著地更重要。基本上，懸吊系統是藉由彈簧銜接車輪與車體，利用彈簧的伸縮特性確保車輪著地的裝置。

■ 圖 1　三輪與四輪

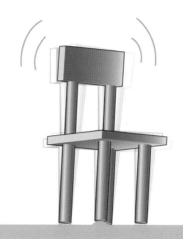

即使在凹凸不平的地面
上，三支腳的椅子依然
能夠穩定站立。

四支腳的椅子即使擁有四支長
度完全相同的腳，也一定要在
完全平坦的地面才能穩定站立。

■ 圖 2　懸吊系統的功用

四顆車輪位置皆固定的汽車

假如車輪相對於車身的位置是固定的，那麼當路面出現坑洞或隆起時，一定會有
某顆車輪懸空，導致車身傾斜，並使凹凸路面造成的震動傳到車身。

四顆車輪皆以彈簧懸吊的汽車

利用彈簧銜接車體與車輪的汽車即使行經凹凸不平的路面，也能確保車輪隨時著
地，幫助車身不易傾斜，同時避免行經凹凸路面所造成的震動輕易傳導至車體。

　　懸吊系統的作用不僅僅是應付路面狀況而已，也必須應付行車中作用汽車的各種力。例如，伴隨汽車加速或減速出現的慣性力、過彎時的離心力，以及風等外部力量。

　　慣性力或離心力之類的力會作用於整部汽車的各個部位，不過我們可以把這兩種力的作用部位歸納至汽車的重心部位。當汽車加速時，重心會受到源自慣性的向後回推力量，驅動輪與路面兩者之間的接觸面則會受到驅動力。基於「分別作用於相同物體的兩個地方的兩股力量會形成旋轉物體的力量」原理（兩股力量施力於同一軸線時除外），上述兩股力量會形成往車尾方向下壓的力量，使車身呈現「車頭向上衝」（squirt）的動作。如此一來，除了車身向後傾是必然發生的現象以外，這動作也會改變車身下壓車輪於路面的力量分配情形。對於 FF（前置引擎前輪驅動）車，車頭上揚且衝出的動作將削弱車身下壓驅動輪於路面力量，因而不利於驅動力的發揮。

　　制動時，重心會受到源自慣性的向前力量，車輪的著地面則會受到來自制動力的向後力量，使車身出現「車頭下壓，車尾上翹」（nose-dive）的動作。至於過彎時，由於重心會受到朝向彎道外側的離心力作用，車輪的著地面會受到朝向彎道內側的轉向力作用，因而使車身呈現向外側傾斜般的「側擺」（rolling）動作。

　　基於「兩施力點的距離愈大，使物體旋轉的力量愈大」這原理，運動類型的汽車會以降低車身重心的方式抑制車身出現上述動作變化。相對的，多功能休旅車容易在過彎時出現車身搖晃的現象，就是因為車身的重心位置太高的緣故。

■ 圖 1　車頭向上衝

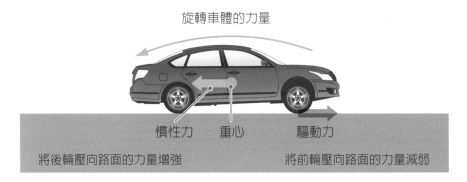

旋轉車體的力量

慣性力　重心　　驅動力

將後輪壓向路面的力量增強　　　　　　將前輪壓向路面的力量減弱

■ 圖 2　車頭下壓，車尾上翹

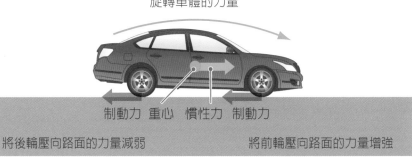

旋轉車體的力量

制動力　重心　慣性力　制動力

將後輪壓向路面的力量減弱　　　　　　將前輪壓向路面的力量增強

■ 圖 3　側擺

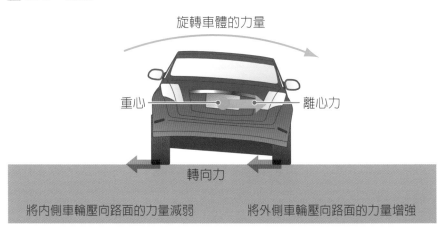

旋轉車體的力量

重心　　　　　　　　　　　離心力

轉向力

將內側車輪壓向路面的力量減弱　　　　將外側車輪壓向路面的力量增強

控制彈簧的動作，
來提供緩衝機能

～彈簧～

　　部分利用電腦做電子控制式的懸吊系統採用空氣彈簧，不過最被汽車用懸吊系統廣為採用的彈簧是形狀像藤蔓纏繞的「線圈彈簧」。線圈彈簧擁有多種性能，而且造價低廉，但卻存在一些不利於懸吊系統的特性。

　　基本上，線圈彈簧就是讓中心線方向的力發揮作用而伸縮長或縮短。除了讓原本的力發揮作用的方向以外，線圈彈簧還可以自由地彎向其他方向，假如只有線圈彈簧，系統將難以確保車輪著地。所以懸吊系統必須藉由桿棒或框架作為骨架，限定車輪的移動範圍。懸吊系統可依照骨架的形式區分為許多類型。順帶一提，棒狀零件的名稱雖無強硬規定，但可作擺首運動的通常稱為「臂」；力量可沿著棒軸方向發揮作用的通常稱為「桿」；由複數棒子組成可如關節般活動的通常稱為「連桿」。

　　照理說，壓縮線圈彈簧的力量消失以後，線圈彈簧應該會恢復到原本的狀態，但是在慣性作用之下，線圈彈簧會伸展得比原本還要長。而當彈簧線圈要從目前位置開始收縮時，又會縮得比原本的位置更短。當上述運動一再重複時，便會造成「震動」。雖然震動最終會停止，但是假如車輪剛好在彈簧收縮時行經路面凹陷處的話，車輪就無法著地。此外，震動也會搖晃車身，破壞乘車舒適性，因此一般汽車會合併使用可以吸收震動的油壓阻尼。

■ 圖 1　線圈彈簧的性質

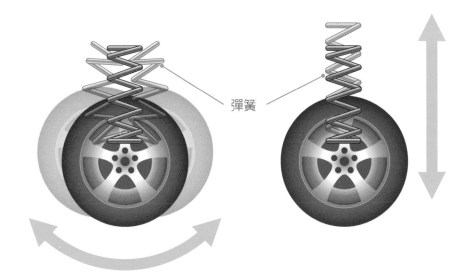

彈簧

線圈彈簧可以彎曲的關係，單憑
線圈彈簧難以確保車輪著地。

因為線圈彈簧不容易停止震動，
所以難以確保車輪著地，車身也
容易搖晃。

■ 圖 2　懸吊的基本結構

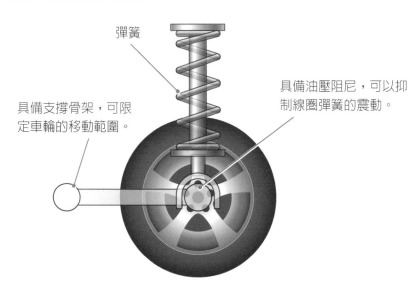

彈簧

具備油壓阻尼，可以抑
制線圈彈簧的震動。

具備支撐骨架，可限
定車輪的移動範圍。

利用油通過細微孔穴的阻力吸震

~避震器~

　　吸收線圈彈簧所產生的振動的油壓阻尼也是油壓機構的一種，一般稱為「避震器」。避震器有許多結構類型，基本原理是使如油一般黏稠的液體通過細微的孔穴，利用因此產生的摩擦阻力將動能轉換為熱能。

　　油壓阻尼的最基本組成是油壓缸與活塞。一般油壓機構的油壓缸會連接配管供油壓進出，但是油壓阻尼的油壓缸是密閉的，油必須透過活塞上稱為「小口」的細微孔洞移動至活塞的另一方。活塞上設有「活塞連桿」。且延伸至油壓缸外。活塞連桿與連桿對邊的油壓缸的另一端即為避震器的兩端。避震器的兩端可直接或間接與線圈彈簧相連。

　　線圈彈簧收縮的時候（油壓缸進入收縮行程），活塞會被推入油壓缸中，將油自活塞下方推往上方，使油通過小口，產生摩擦阻力，以供避震器吸收線圈彈簧收縮的力量。相反的，線圈彈簧伸長的時候（油壓缸進入拉伸行程），活塞被往另一邊，將油自活塞的上方推往下方，使油通過小口，產生摩擦阻力。同樣地，避震器也可藉由這摩擦阻力吸收線圈彈簧伸展的力量。以上就是避震器的「減震能力」。

　　活塞上的小口部位設有閥門，可分別對收縮行程與拉伸行程調節通過小口的油量，使收縮與拉伸行程可發揮不同程度的減震能力。

■ 圖 1　避震器作動的基本原理

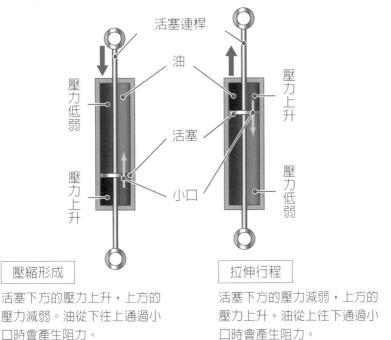

活塞連桿

油

壓力上升

活塞

小口

壓力低弱

壓力上升

壓力低弱

| 壓縮形成 | 拉伸行程 |

活塞下方的壓力上升，上方的
壓力減弱。油從下往上通過小
口時會產生阻力。

活塞下方的壓力減弱，上方的
壓力上升。油從上往下通過小
口時會產生阻力。

■ 圖 2　收縮行程與拉伸行程的減振能力

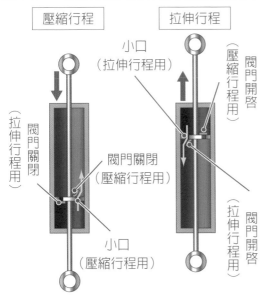

| 壓縮行程 | 拉伸行程 |

小口
（拉伸行程用）

（壓縮行程用）閥門開啓

（拉伸行程用）閥門關閉

閥門關閉
（壓縮行程用）

小口
（壓縮行程用）

（拉伸行程用）閥門開啓

當合併使用只限於油自活塞
的下方往上流動時開啓的閥
門，以及只限於油自活塞的
上方往下方流時開啓的閥門
的時候，油就可以在收縮行
程與拉伸行程中分別流過不
同的閥門，也可以為避震器
設定不同程度的減震能力。

07-05 車輪動作會受到懸吊所支撐部位的影響

~車軸懸架式懸吊系統~

　　懸吊系統可分爲「車軸懸架式」與「獨立懸架式」兩大類。相對於車軸懸架式懸吊系統是由一支軸棒連接且連動左右車輪，獨立懸架式懸吊系統則是允許左右車輪獨立動作，且比較容易創造良好的性能。如圖1所示，同樣都是某一顆車輪陷落坑漥的狀態，假如懸吊系統是屬於車軸懸架式的話，就會連帶影響到左右對邊的車輪，而獨立懸架式則無此困擾。不過，車軸懸架式懸吊系統擁有結構單純，比較不占空間，以及造價低廉以上三大優點。車軸懸架式懸吊系統擁有多種類型，其中的扭力樑式廣受FF（前置引擎前輪驅動）車所採用。

　　扭力樑式懸吊系統採用「拖曳臂」。拖曳臂自車軸的兩端延伸至前方，先端設有支點。左右車輪由稱爲「扭力樑（torsion spring）」的彈簧連接（通常內藏於車軸內）。扭力樑的一端或某一部分裝設可針對扭轉力量發揮作用的彈簧。當左右車輪同時懸空時，由於左右兩車輪屬於連動關係，因此扭力樑不會承受扭轉的力量。假如只有一顆車輪懸空，那麼扭力樑便得承受扭轉力量。藉由扭力樑自扭轉狀態恢復原狀的力量，車輛即可獲得自傾斜狀態復原的力量，避免車輛橫向傾覆。

　　車軸懸架式懸吊系統藉由車軸連接左右車輪。然而這裡所說的車軸並非車輪的轉軸。假如左右車輪共用一支轉軸的話，那麼如同在差速篇章中曾說明過的，車輛在過彎時將會發生問題，所以左右車輪必須擁有獨立的轉軸。

■ 圖1　車軸懸架式與獨立懸架式

 即使只有一顆車輪陷落坑窪，左右對邊的車輪也會受到影響。

水平路面　　　　　　　　　　一顆車輪陷落坑窪

獨立懸架式　即使某一車輪陷落坑窪，左右對邊的車輪也不會被影響。

水平路面　　　　　　　　　　一顆車輪陷落坑窪

■ 圖2　扭力樑式懸吊系統

支柱
線圈彈簧與避震器的合體。
承受車輪的縱向力量。

扭力桿（彈簧）
左右輪獨自行動時，此彈簧會扭轉，
抑制獨自的行動。

扭力樑
相當於車軸的部分。

拖曳臂
在車身前方設置支點，
使車輪以該支點為中心
上下移動。

橫支桿
單憑基本結構，懸吊系統對於橫向
力量的負荷能力恐怕不足，因此通
常會加裝橫向支桿作為補強。

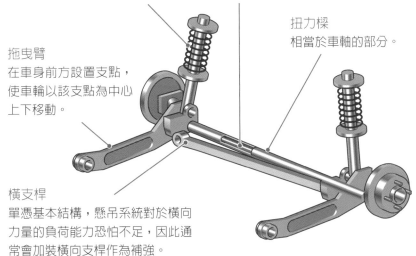

桿臂數量影響懸吊性能

　　獨立懸架式懸吊系統包含許多類型。現代的汽車所採用的類型有：使用一支控制臂的「麥花臣支柱式懸吊系統」（MacPherson Strut），使用兩支控制臂的「雙 A 臂式懸吊系統」（double-wishbone），以及使用更多支控制臂或桿的「多連桿式懸吊系統」。

　　支柱式懸吊系統只使用一支控制臂，由線圈彈簧與避震器合體成為懸吊的骨架。所使用控制臂的位置低於車軸，因此稱為「下控制臂」。下控制臂的延伸的方向幾乎與車軸相同，負責擺首運動的轉軸則與路面平行。這種結構不擅長應付轉動以垂直於路面的軸為中心的車輪的力量，在設計上難以自由發揮，但因所需零件數量較少，造價較低，因此多應用於前車輪。

　　雙 A 臂式懸吊系統以「上控制臂」與「下控制臂」共兩支控制臂支撐車軸，並利用線圈彈簧與避震器（支柱）連接車輪與車體。相較於麥花臣支柱式懸吊系統，優點是除了可以承受的力量與方向較多以外，還可藉由改變兩控制臂的長度或位置的方式，設計出車輪動作不同的懸吊，缺點是占用空間較大，造價高昂。

　　多連桿式懸吊系統並非特指某種結構，有的設計以雙 A 臂式或支柱式為基礎再追加控制臂或連桿的數量，有的設計則將雙 A 臂式或支柱式的 V 字形（或 A 字形）控制臂分拆成兩支細控制臂。由於大量應用控制臂，多連桿式懸吊系統可以支援更細膩的車輪動作。

■圖1　麥花臣支柱式懸吊系統

側視圖

支柱
＝線圈彈簧＋避震器

轉軸

下控制臂

俯視圖

下控制臂的轉軸
（與行進方向平行）

支柱

■圖2　雙A臂式獨立懸吊系統

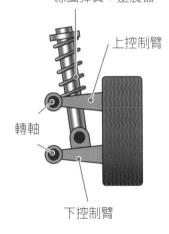

側視圖

支柱
＝線圈彈簧＋避震器

上控制臂

轉軸

下控制臂

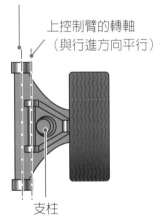

俯視圖

下控制臂的轉軸
（與行進方向平行）

上控制臂的轉軸
（與行進方向平行）

支柱

wishbone

wishbone意思是禽鳥的叉形胸骨。雙A臂式懸吊系統由於使用兩支控制臂，且交叉呈A字形而被稱作double-wisbone。

　　汽車使用內部可保存空氣的橡膠輪胎。整顆輪胎的機能如同空氣彈簧，可以提高乘車舒適性。早期的輪胎會在內部裝設甜甜圈狀的內胎，利用內胎保存空氣，現在則以利用輪胎本身（部分利用輪圈）保存空氣，即「無內胎式輪胎」為主流。輪胎與路面接觸的部分稱為「胎面」，側面稱為「胎壁」，銜接胎面與胎壁的部分稱為「胎肩」，接觸輪圈的部分稱為「胎唇」。

　　輪胎由「胎體簾布層」建立基本架構。胎體簾布層由尼龍、聚酯纖維、鋼絲等纖維素材層層包覆橡膠而成。胎面部分更置入以鋼絲或合成纖維製作的「鋼絲環帶」或「緩衝層」作為補強。胎唇部分配置金屬絲線，稱為「胎唇鋼絲」，以提高胎唇與輪圈的密合度。以上部分的周圍再配上橡膠層，輪胎就成型了。為了使輪胎的空氣保存能力更佳，輪胎內側還會再貼上薄薄一層，由不容易通透空氣的橡膠製作成「內襯膠」。

　　輪胎成型時，所使用的橡膠種類會因所配置的位置而異。胎面部位必須發揮摩擦力，適合較軟的橡膠，但是也不能太軟，否則除了會快速磨耗，減少壽命，也會增加車輪轉動時的阻力。胎壁的功能是利用伸縮吸收震動，所以使用伸縮性佳的橡膠可以創造較佳的乘車舒適性，但是伸縮性太好反而會帶來過彎時車輪容易變形的困擾。各種類型的輪胎會採用不同性質的橡膠，採用何種橡膠材質主要是反映運動胎或經濟胎等不同的功能訴求。

■ 圖 1　輪胎

① 胎面
與路面接觸，發生摩擦的部分。發揮抓地力的柔軟度與影響壽命的耐磨耗性兩者如何平衡決定了橡膠的質地。

② 胎肩膠
質地相異的兩種橡膠互相接觸的部分。

③ 鋼絲環帶
補強胎體簾布層的部分。

④ 胎體簾布層
輪胎的基本骨架，是以合成纖維與橡膠製成的多重結構。

⑤ 內襯膠
讓輪胎內部保存空氣的橡膠層。

⑥ 胎壁膠
藉由上下伸縮方式吸收來自路面的衝擊。伸縮性佳的胎壁膠可以創造優越的乘車舒適性，但是過軟反而會喪失支撐性。

⑦ 三角膠
採用高強度橡膠，進一步補強與輪圈接觸的部分。

⑧ 胎唇鋼絲
利用纖細的鋼絲束做補強。

利用胎紋的溝槽
排出輪胎與路面之間的水

~胎紋樣式~

當汽車在潮濕路面上行駛時，水分會進入輪胎與路面之間。一般人或許會以爲輪胎壓過，水就會流往別處。但是在高速行駛當中，水分可能來不及被排走，導致輪胎漂浮於水面，無法產生摩擦力，引發車輪打滑的危險。因此，輪胎表面會設有溝槽，以便排水。

輪胎表面的溝槽所形成的紋路稱爲「胎紋」。專門提供傾卸車或工程車使用的輪胎的胎紋通常設計成直條紋，或直條紋與胎肩橫紋兼具；客車用輪胎的胎紋則以直條紋爲基本樣式。另有在基本紋路上增設眾多細窄溝槽所構成的塊狀花紋。

胎紋的深度會隨著行車里程增加而愈磨愈淺，一般規定深度1.6mm 爲使用極限。當胎紋淺到不足 1.6mm 時，輪胎的排水能力就會變差，使汽車高速行駛於潮濕路面時容易發生「水漂現象」，非常危險。但是部分車主卻以爲即使胎紋非常淺（這種輪胎稱爲「光頭胎」），只要不經過潮濕路面就沒關係，甚至還有車主以爲胎紋淺可以提高行車性能。

的確，賽車競技所使用的光頭胎（Slicks）就是沒有胎紋的輪胎，而無胎紋設計的目的就在於增加胎面的觸地面積。儘管如此，如同上一節內容所介紹，輪胎各部的橡膠材質不同。因此當輪胎被使用到胎紋磨光的程度時，各種不同材質的橡膠就會顯露於胎面。這樣會降低驅動能力不說，就連制動能力、轉向能力也都會下降，非常危險。甚至因爲高溫造成壓力過大導致爆胎（請參考下一節）都有可能。

■ 圖 1　利用胎紋的溝槽排水

路面上的水

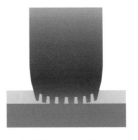

無胎紋輪胎

輪胎沒有胎紋會來不及排出輪胎底下的水，造成輪胎漂浮在水面的現象，導致摩擦力降到非常低。

有胎紋輪胎

輪胎的胎紋可以縮短排水距離，迅速排出輪胎底下的水分，避免輪胎漂浮在水面上。

■ 圖 2　胎紋樣式

直條紋

胎紋方向依循輪胎的行進方向。優點是可以降低車輪滾動時的阻力，是目前客車用胎紋的基本樣式。

胎肩橫紋

胎紋方向與輪胎的行進方向垂直。優點是在險惡路況中容易發揮驅動能力；缺點是噪音音量較高、乘車舒適性較差。

直條紋、胎肩橫紋並用

同時採用直條紋與胎肩橫紋，但是比較強調胎肩橫紋的性能表現。

塊狀花紋

以無數區塊構成塊狀花紋。塊狀胎紋主要為險惡路況用胎或雪地用胎所採用。

高度與寬幅的比例
影響輪胎的性能
～扁平比～

　　輪胎的剖面高度與剖面寬度的比率稱為「扁平比」，通常以百分比表示。客車所使用的輪胎的扁平比通常設計在 40 ～ 82% 之間。輪胎的扁平比愈低，胎壁剖面愈有稜角，觸地面積愈大，愈容易發揮驅動力或制動力等。

　　過彎時，由於側向力量作用，輪胎會彎曲而往上浮，導致觸地面積減少。以相同寬度的輪胎來說，扁平比愈低，剖面高度愈低。胎壁低一點的好處是即使輪胎受到側向力量也不容易彎曲，比較容易確保觸地面積。在過彎的時候輪胎才有支撐力量。但是相對的，胎壁低，輪胎吸收路面傳來的震動的能力就會比較差，因而降低乘車舒適性。

　　基於觸地面積得以確保這項優點，運動型汽車傾向使用扁平比較低的輪胎，而且也傾向採用較寬的輪胎。即使非運動型車種，車商通常也會提供低扁平比的輪胎供車主選配。

　　雖然可以藉由更換較寬的輪胎提高行車性能，但是裝配寬度本身有其上限，因此車主可以選擇換裝低扁平比的輪胎。希望在輪胎外徑相同的條件下降低輪胎的扁平比，就必須擴大輪圈的直徑。換裝低扁平比的輪胎的作法就是為「輪胎升級」，英文則稱為 inch-up，因為輪圈的直徑慣用英吋 inch 作為單位，強調「輪圈升級」的意思。近來車壇流行擴大輪圈的側面面積，強調輪圈的設計感，因此有許多車主基於裝飾目的選擇為輪圈升級。

■ 圖 1　輪胎各部位的尺寸與扁平比

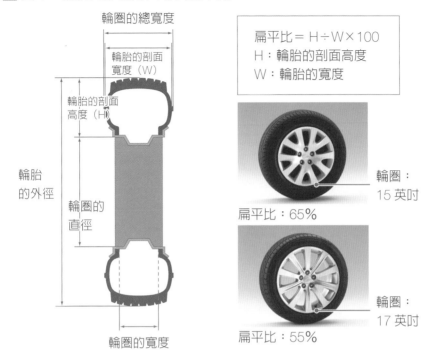

$$扁平比 = H \div W \times 100$$
H：輪胎的剖面高度
W：輪胎的寬度

輪圈的總寬度

輪胎的剖面寬度（W）

輪胎的剖面高度（H）

輪胎的外徑

輪圈的直徑

輪圈的寬度

輪圈：
15 英吋
扁平比：65%

輪圈：
17 英吋
扁平比：55%

■ 圖 2　扁平比不同所造成的差異

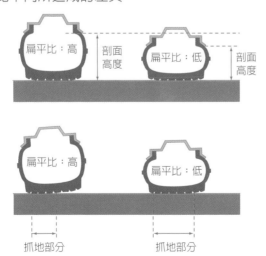

扁平比：高　剖面高度　扁平比：低　剖面高度

扁平比：高　　扁平比：低

抓地部分　　抓地部分

即使寬幅相同，輪胎的扁平比愈低，觸地部分愈寬，觸地面積也就愈大。而且扁平比愈低，剖面高度愈低，承受側向力量的能力也愈強。綜合以上優點，扁平比低的輪胎即使受力也不容易造成觸地面積減少，只是乘車舒適性勢必受到犧牲。

輪胎內部空氣壓力會影響輪胎的性能

～胎壓～

　　輪胎藉由內部空氣壓力，即「胎壓」維持外形。各車種出廠時都已設定好最合適的胎壓。胎壓過高或過低於理想設定值，都會造成輪胎無法充分發揮原有性能，因而引發某些行車狀況。

　　胎壓高於理想設定值過多會造成輪胎的觸地面積減少，破壞乘車舒適性。不過胎壓不會自然變高，基本上都是在保養等場合因為疏失所造成。

　　在自然狀況下，即使輪胎或輪圈的狀況都正常，胎壓也一定會逐漸下降。這是因為空氣中的氧分子會穿透橡膠分子而逸散至外界。相對的，當胎壓低於理想設定值時，輪胎的各個部位的伸縮性就會變好，因而增加輪胎的滾動阻力，連帶使油耗表現惡化。輪胎的接地面的左右中央部位凹陷意味著輪胎的接地面積減少。當接地面積減少，輪胎就不容易發揮驅動力或制動力等性能。而在過彎等輪胎必須承受橫向作用力的時候，容易凹陷變形的輪胎就不容易立穩。

　　此外，滾動阻力增大也會使發熱量大增。橡膠具有溫度愈高愈容易伸縮的特性。在正常狀態下，因觸地而變形的輪胎在離開路面以後會自動恢復原狀。但是一旦胎壓過低，而且輪胎又在過熱狀態下執行高速行駛的話，就會迫使剛才觸地的胎面在還沒恢復原狀以前就要再次接觸地面，使變形程度一再累加，導致胎面變成波浪形狀，即「駐波現象（standing wave）」，情形嚴重可能引發「爆胎」（輪胎爆裂）。

　　除了上述影響，胎壓過低也會使胎紋的溝槽變形，導致排水能力降低，容易引發「水漂現象（hydroplaning）」。

■ 圖 1　胎壓下降

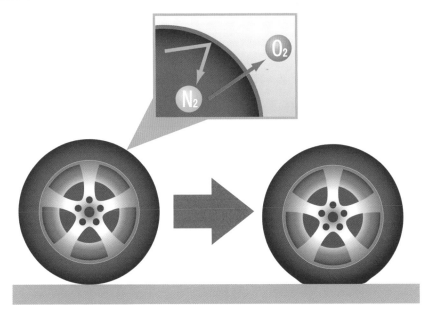

由於氧分子可以穿透橡膠，所以胎壓一定會逐漸降低。

■ 圖 2　駐波現象

胎壓降低致使車輪的接地部分來不及由變形恢復原狀，導致變形程度一再累加。

輪胎充氮

假如車主希望避免氧氣逐漸逸散造成胎壓降低，完全以氮氣填充輪胎內部是一項辦法。這項服務可以在輪胎店或汽車百貨接受實施。

汽車的車輪由輪胎與輪圈組成。英文中，wheel 單純指的是車輪全體。然而日文中，由 wheel 而來的外來語ホイール則是單指輪圈（disc wheel）部分。輪圈的作用是與輪胎一起支撐車體重量、承受衝擊，以及確實將動力傳導至輪胎。

單憑橡膠製作的輪胎難以支撐車體重量與來自路面的衝擊，而當受到力量作用的時候，某部位一定會發生變形。因此車輪還需要輪圈作為它的部分結構。

在驅動輪方面，驅動軸的迴轉動力必須傳遞至輪胎。當迴轉運動的中心，即轉軸以相同的扭矩迴轉時，距離中心愈近（半徑愈小），所需移動距離愈短，受力量愈強。由於橡膠是具有彈性的素材，假如單單藉由金屬細棒傳遞迴轉動力，那麼輪胎與金屬轉軸的接觸面將會變形，導致動力無法確實傳遞至輪胎。此外，摩擦力超過極限值將造成轉軸空轉。假如驅動軸是透過擁有一定直徑的輪圈將動力傳遞至輪胎的話，輪胎與輪圈的接觸面所承受的力量就會比較小，那麼驅動軸就可以在不使輪胎變形的情況下將迴轉動力傳遞至輪胎。

輪圈主要由鑲嵌輪胎的輪緣部，以及銜接驅動軸的輪盤部以上兩部分構成。鋼鐵材質輪圈的製造方法是先將輪緣與輪盤個別製作完成，然後再以焊接等方式將兩組件結合成一體，屬於二合一式。不過也有部分鋼圈的輪緣部採用二分割，屬於三合一式結構。其他例如鋁等輕合金製作的輪圈，其結構通常採用一體成型設計。

■ 圖 1　輪圈的功用

無輪圈的車輪

假如以細棒作為轉軸，那麼轉軸迴轉的時候，輪胎與轉軸接觸的橡膠部分就會因為承受過大力量而變形，導致轉軸空轉情形。

加裝輪圈的車輪

迴轉動力可以毫無疑問地經由轉軸傳遞至輪圈。由於輪圈擁有一定程度的直徑，所以可以確實地將迴轉動力傳導至輪胎。

■ 圖 2　輪圈的結構

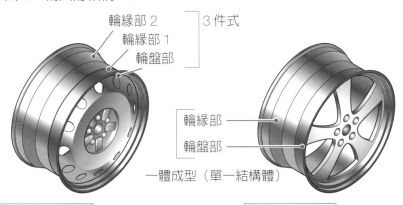

輪緣部 2 ┐
輪緣部 1 ├ 3 件式
輪盤部 ┘

輪緣部
輪盤部
一體成型（單一結構體）

鋼圈

鋼圈的結構設計主要可分為兩種。一種如上圖所示，由三部位結合而成，屬於三合一式結構。另一種則是將整體輪緣製作成同一結構部位，輪緣與輪盤兩部位相結合，屬於二合一式結構。

輕合金輪圈

輕合金輪圈通常採用一體成型式結構，製作成單一結構體。製作方法則有兩種。一種是鑄造法，作法是將融化的金屬注入模型中；另一種是鍛造法，作法是將金屬塊敲打成型。

車輪與輪胎愈輕，汽車跑起來愈輕快

~簧下重量~

　　懸吊系統採用線圈彈簧等類型的彈簧。假如將車體懸吊到半空中，那麼線圈彈簧將會被車輪的重量往下拉伸。在整體車輛重量中，拉伸彈簧的重量稱為「簧下重量」。車輪、煞車本體，以及構成懸吊系統的部分零件都屬於簧下重量。

　　懸吊系統作動時，構成簧下重量的部分稱為動作部分。簧下重量愈重，開始動作的時間愈容易受到延遲，從移動所到達的位置恢復至原位的時間愈久，因此吸收線圈彈所簧產生的振動的時間也就愈久。換句話說，簧下重量愈重，懸吊的反應能力愈差。當然，簧下重量愈輕代表車身重量愈輕，也就比較節省燃油消耗。

　　在鋼圈與鋁等輕合金輪圈的比較方面，輕合金輪圈的重量雖然比較輕，造價卻比較高。過去，輪圈的材質以鋼圈為主流，但是自從了解減輕輪圈重量可以提高懸吊性能之後，運動類型的汽車轉而開始採用輕合金輪圈，目前已有許多車款跟進使用。此外，輕合金輪圈的外觀樣式通常較富有設計感，人氣較高，因此推出市面販售的商品也比較多。

　　雖說是輕合金輪圈，其實它的重量倒也不一定真的比鋼圈輕，有些產品甚至比鋼圈還重呢。由外觀選擇輪圈當然無妨，但是從提高行車性能考量的話，還是建議車主在選擇時也要多關心輪圈的重量。

■ 圖1 簧下重量

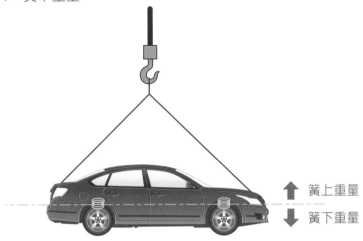

簧上重量
簧下重量

拉伸彈簧的重量稱為簧下重量。

■ 圖2 線圈彈簧震動程度的差異

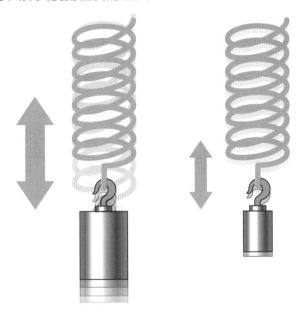

將彈簧往下拉的重量愈重，慣性力愈大，震動愈不容易停止。

點放式煞車法技巧

　　所謂「點放式煞車法」，是分成好幾次且連續踩放的煞車方法。這是過去在汽車教練場必學的煞車技巧，學習目的是為了避免車輪在煞車時被鎖死。但是非賽車選手出身的一般車主其實不容易完成點放式煞車操作。於是汽車廠便開發出ABS防車輪鎖死煞車系統，現在ABS已成為標準汽車配備之一。

　　據說現在還是有部分汽車教練場會教導點放式煞車技巧，以預防車輪遭煞車鎖死，同時也通知後方來車自己正在做緊急煞車。不過一般駕駛人操作點放式煞車往往會增加制動距離，雖然可以預防後車追撞意外，但是自己卻很可能追撞前車，因此還是不具安全防範意義。在汽車已配備ABS的情況下，呼籲駕駛人在需要緊急煞車的時候還是要用力且持續地踩踏煞車，相關的技巧就交給ABS去完成吧！

▍強力且迅速重複多次踩放的踩煞車方式，並非常人所能。

第 **8** 章

電動車與
油電混合車

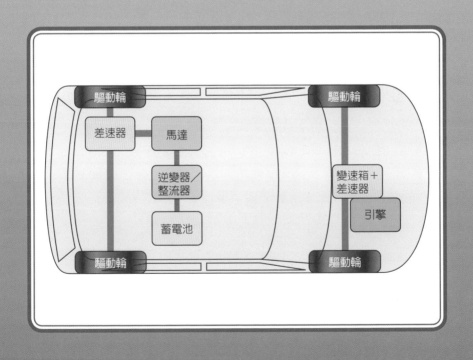

驅動輪

驅動輪

差速器

馬達

逆變器/
整流器

變速箱＋
差速器

蓄電池

引擎

驅動輪

驅動輪

不靠引擎，
而是利用馬達行駛的汽車

~電動車~

　　所謂「電動車」就是以馬達作為動力來源的汽車。利用引擎等內燃機作為動力來源的汽車，是將燃料的化學能量轉換成動能以供行車所需。而電動車則是利用馬達將電能轉換成動能以供行車所需。

　　有些人以為電動車是最新式的汽車，事實上，電動車早在十九世紀就已經問世。當時的電動車的特色是使用直流馬達，在起動時會產生很大的扭矩，等到迴轉速度提高以後電流就會變小，所消耗電能也會隨之變少，因此不像利用內燃機作為動力來源的汽車需要變速箱。直流馬達適合作為交通工具的動力來源，直到最近，利用直流馬達作為動力來源的交通工具仍以電車為主流。在汽車方面，電動汽車必須搭載充電式電池作為電源。然而因為過去一直無法改善車用充電電池的重量與體積，而且續航距離也難以延伸，所以過去的汽車的動力來源一直以內燃機為主流。

　　自從二十世紀末開始，由於二氧化碳造成溫室效應，以及人類對於石化燃料過度依賴等問題加劇，電動車才又重新獲得人類重視。直至二十一世紀以後，充電電池在過去難以克服的課題獲得顯著的改善，電動車才一舉跨入實用車領域。

　　廣義的電動車包含以太陽能電池為電源的太陽能電動車等，目前已經進入實用領域的則為蓄電池式電動車（EV，Electric Vehicle）與燃料電池式電動車（FCEV，Fuel Cell Electric Vehicle）。此外，油電混合動力車（HEV，Hybrid Electric Vehicle）也可視為電動車的一種。蓄電式電動車通常簡稱 EV，不過由於 EV 也泛指所有類型的電動車，因此另有「純電動車」（Pure EV）或「插電式電動車」（Plug-in EV）兩名詞作為單指蓄電池式電動車的說法。

■ 圖 1　電動車

透過馬達將電能轉換成動能。

■ 圖 2　電動車的種類

蓄電池式電動車
搭載蓄電池貯存電力，利用蓄電
池的電力行駛。

燃料電池式電動車
讓汽車所搭載的燃料在蓄電池中
發生化學反應，藉以產生電能作
為行駛之用。

油電混合動力車（Hybrid）
同時搭載內燃式引擎與馬達，擁
有兩種動力來源。

永久磁體會在交流電所創造的旋轉磁場中旋轉

馬達有許多類型，初期的電動車所搭載的是直流整流子馬達。這種馬達的的特性是轉動初期的扭矩較大，所消耗的電力隨轉速提高而降低，因此非常適合作為汽車的動力來源。可惜直流整流子馬達的效率（將電能轉換成動能的比例）不高，而且部分零件會隨運轉時間拉長而損壞，非常依賴定期保養與維修。

現代電動車主要採用「永磁同步馬達」。這種馬達的運轉原理與引擎同樣得耗費一章的篇幅才得以詳盡說明，本節姑且以右頁圖例簡單說明。總之，永磁同步馬達是一種高效率馬達。可惜它無法一連接電源就起動，轉速也取決於電力供應的頻率，因此過去難以應用成為交通工具的動力來源。

所幸拜半導體技術進步之賜，現代人類科技已經可以隨意創造供電頻率或交流電，因此有能力應用永磁同步馬達作為汽車的動力來源。永磁同步馬達一般藉由可變電壓與可變頻率電源，即「逆變器（inverter）」控制。而以整流器控制作為前提的永磁同步馬達又稱為「交流無刷馬達」（Brushless AC electric motor）。

電動車的永磁同步馬達所使用的磁鐵屬於稀土類磁鐵，磁力極強，遠超越一般磁鐵的磁力，因此可大幅提高馬達的效率，有助於縮減馬達的體積與重量。可惜稀土磁鐵的原料來自價格不菲的稀土元素，所以永磁同步馬達的造價也高。

■ 圖 1　永磁同步馬達的概念

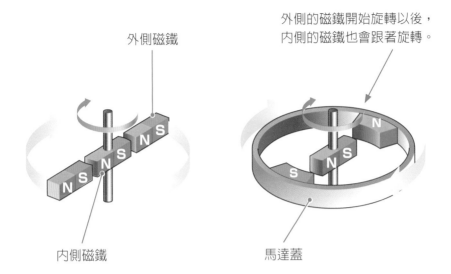

外側磁鐵

外側的磁鐵開始旋轉以後，
內側的磁鐵也會跟著旋轉。

內側磁鐵

馬達蓋

在具備轉軸的永久磁鐵的周圍假如有另外一組永久磁鐵在旋轉的話，位於中央的永久磁鐵也會受到磁力吸引而旋轉。將在周圍旋轉的磁鐵換成電磁鐵製作而成的馬達即為永磁同步馬達。

■ 圖 2　永磁同步馬達的旋轉原理

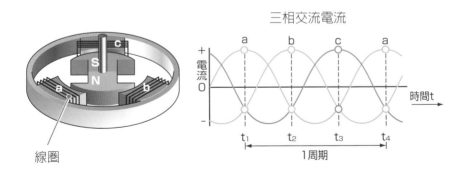

三相交流電流

線圈

以 120 度間隔配置三組線圈，且對每組線圈施放週期各相差三分之一的交流電（三相交流），磁場就會受到交流電週期的影響而旋轉，形成所謂的「旋轉磁場」。在旋轉磁場中配置具備轉軸的永久磁鐵，永久磁鐵便會受到磁力吸引而旋轉。以上便是永磁同步馬達的運轉原理。

使用回收廢棄的能源，可以減少浪費

～再生制動～

　　「再生制動」堪稱是電動車與油電混合動力車的獨家技術。採用內燃機作為動力來源的傳統汽車，在減速或停車時需要利用制動裝置將動能轉換為熱能，而且必須散熱。因為熱能一旦擴散便難以回收，所以散熱形同丟棄熱能。

　　作為電動車等動力來源的馬達，除了是可以將電能轉換為動能的裝置之外，大多數馬達還可以藉由外部力量發電。換句話說，馬達也可以作為發電機使用，因為馬達本身是可以使動能與電能互相轉換的裝置。

　　在電動車等利用馬達驅動的汽車當中，馬達與驅動輪相連結。在驅動車輪的時候，電力會供給至馬達，以利馬達驅動車輪。但在需要減速的場合，系統就會停止對馬達供電，而這將使車輪的迴轉動力傳遞至馬達，提供馬達發電。只要汽車搭載這種可以蓄電的充電電池，當汽車在需要驅動的時候，就可以使用已經蓄積的電力。

　　不過由於現在的電動車等汽車所採用的永磁同步馬達屬於交流馬達，而由它再生而來的電力也屬於交流電，因此需要將交流電轉換為直流電才行。這個轉換過程稱為「整流」，執行整流的裝置即為「整流器（converter）」。而絕大部分電動車習慣將控制驅動的「逆變器」與再生電力所需要的整流器結合成一體。

■ 圖1 馬達與發電機

電能經由馬達轉換成動能

動能

馬達

電能

動能經由馬達轉換成電能

馬達可以使電能與動能彼此相互轉換。

■ 圖2 驅動與再生制動

減速時 藉由將車輪的迴轉動力傳導至馬達的方式發電,再藉由整流器將所產生的交流電轉換成直流電。

充電池　　　　　　逆變器／整流器

馬達

充電池　　　　　　逆變器／整流器

馬達

行進時 利用逆變器將充電池等的直流電轉換成適合汽車行進的交流電後供應至馬達,供馬執行達驅之用。

電池容量愈大，續航距離愈長

～充電電池式電動車（純電動車）～

　　所謂充電電池，就是可以充電的電池，又稱為蓄電池（電力耗盡就不可以再次使用的電池，稱為一次性電池或原電池）。搭載充電電池作為動力來源的電動車，稱為「充電電池式電動車」（或稱「純電動車」）。純電動車雖然在充電電池的重量與體積方面仍有待改善，不過在「鋰離子電池」問世以後，由於在重量與體積的容許範圍內已經可以確保某種程度的電力容量（可以充電的電量），所以純電動車已經開始進入實用市場。

　　大多數的充電電池藉由兩種電極與電解液的化學反應進行充電與放電。鋰離子電池使用鋰的氧化物與特殊碳素材作為電極，採用不含水的有機電解液。相較於其他種類的充電電池，鋰離子電池的電壓較高，自然放電率較低，過度充電容易發熱，且過度放電會導致電池機能喪失，因此它的充電與放電管理必須格外謹慎。

　　純電動車雖然已經成為實用車種，但是比起傳統汽車，它的續行距離還落後一大截。雖然支援迅速充電，但是在家中充電必須耗費很長的時間。即使快速充電，也需要 20 ～ 30 分鐘才能充到 80％的程度。充電設施為數不多。所使用鋰離子電池的原料包含稀有金屬，導致造價高昂。由於純電動車的充電電池目前仍有以上問題，所以相關改良與開發工程仍在持續展開當中。

　　純電動車通常採用永磁同步馬達，馬達透過逆變器／整流器與電池連接，所以驅動與再生制動皆可執行。另外也有由各驅動輪搭載馬達的方式，不過主流方式還是先將馬達的迴轉動力傳遞到差速器，再由差速器經由驅動軸傳遞到驅動輪。

■圖1　純電動車

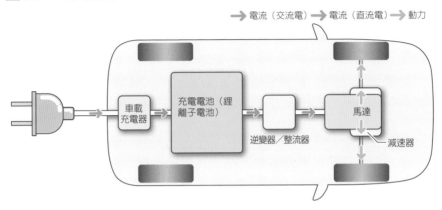

→ 電流（交流電）→ 電流（直流電）→ 動力

車載充電器　充電電池（鋰離子電池）　逆變器／整流器　馬達　減速器

蓄電池式電動車必須由汽車外部供電。

■圖2　鋰離子電池

由於個別電池的電壓較低，所以必須組合數個電池構成電池模組，再將多數電池模組集合成形狀方便汽車搭載的電池組，如此一來才可以組裝至車體中。

■圖3　馬達（左）與逆變器／整流器（右）

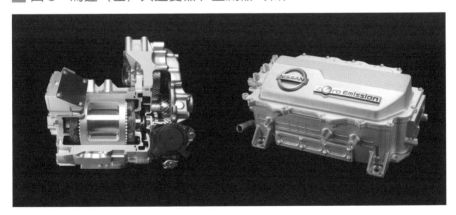

利用車載氣瓶中的氫氣與空氣中的氧氣產生電能，使汽車行駛

~燃料電池式電動車（FCEV）~

搭載燃料電池作為電源的電動車，稱為燃料電池式電動車（FCEV），使用的是一次性電池，將預先貯存於電池內的物質的化學能量轉換成電能後放電即可獲得電力。燃料電池利用的也是化學變化，而且可以視情況需要補充燃料（化學能）以供連續供電。實際將化學變化所產生的化學能轉換為電能的部分，稱為燃料電池模組等，我們不妨將這個部分想成是發電機，這樣會比較容易理解。燃料電池整體包含燃料模組與燃料瓶。

燃料電池利用的是氫氣與氧氣的化學反應，這反應剛好是電解水的逆反應。由於氧氣可直接取自空氣，所以需要當作燃料特別供給的只有氫氣而已。有關燃料氫氣的供應方法，日本的主流作法是直接供應氫氣，其他另有利用重組器將乙醇（酒精）等燃料中含有的氫抽離出來使用等辦法。燃料電池有許多類型，最容易獲取氫的構造必須使用稀有金屬，但因造價高昂而成為應用上的難點。此外，由於再生制動是電動車不可或缺的能力，因此燃料電池式電動車也必須搭載容量達某種程度以上的充電電池，此充電電池可採用鋰離子電池或鎳氫電池。

純電動車雖然有充電時間費時的缺點，但其優點是允許在自家充電。反觀燃料電池式電動車就非得依賴普及的燃料供應站才能暢行無阻。日本預計於二〇一五年完成大都市周邊的氫氣供應站的整備工程。雖然就現階段技術來說，燃料電池式電動車本身已經屬於可供實際行駛的車種，但是真正可以上路暢行的時程必須配合氫氣供應站建置普及，而各車廠正積極利用這段等待期間，繼續著手降低造價成本與開發更輕巧的燃料電池等相關工程。

■ 圖 1　燃料電池

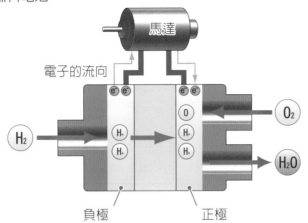

氫氣與氧氣產生化學反應後的產物只有水，非常環保（參考：TOYOTA 官網）。

■ 圖 2　燃料電池式電動車的構成要素

動力控制元件（逆變器／整流器）

燃料電池

驅動用馬達

氫氣瓶

充電電池（鎳氫電池）

燃料電池式
電動車

搭載兩種動力來源，可高效率行駛的汽車

〜油電混合車〜

「油電混合動力車」是同時搭載引擎與馬達兩種動力來源的汽車，主要分爲串聯式與並聯式兩種。

「串聯式油電混合動力車」不利用引擎驅動，而是利用引擎帶動發電機運轉，再利用發電機產生的電力驅動馬達。如此增加能量轉換次數的作法的確有降低能源效率之嫌，但是藉由合併使用充電電池的方式即可改善。引擎的轉速與負荷會影響能源效率，但是只要使用一定容量以上的充電電池預先貯存電力，就可以在高能源效率的狀態下持續使用引擎。而且由於串聯式油電混合動力車搭載充電電池，可貯存制動產生的電力再利用，所以綜合能源效率高於單純搭載引擎的汽車。至於充電方式則與純電動車相同，只要預先在家中或在快速充電站爲充電電池充電，就可以節省燃料消費。由於可以採用插頭充電，因此串聯式油電混合動力車又有「插電式油電混合車」之稱。

「並聯式油電混合動力車」的特色是引擎與馬達兩者都做驅動用途。在汽車起步或加速時，引擎的效率會變差。此時，並聯式油電混合車可以併用馬達輔助驅動方式以避免引擎效率低落。作爲驅動用途的電力來自再生制動貯存至充電電池的電力，因此綜合能源效率高於單純搭載引擎的汽車。而且因爲充電電池的容量不需要非常大，所以充電系統的體積也比較小巧。雖然可供使用的電力來自再生制動，馬達可以輔助驅動的比例並不會高到哪裡，但是可以藉由擴充充電電池的容量提高輔助比例。

■圖 1　串聯式油電混合動力系統

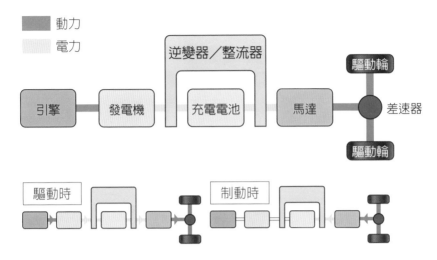

首先將燃料的化學能轉換成動能，接著轉換成電能，然後再次轉換成動能。

■圖 2　並聯式油電混合動力系統

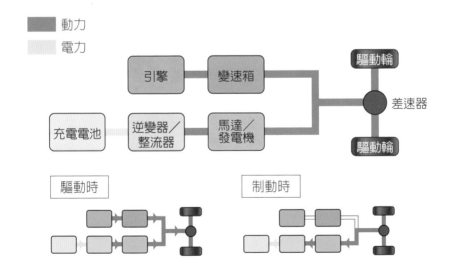

利用馬達驅動時所使用的電力可以來自制動時再生獲得的電力。

利用再生制動能源，以馬達作爲輔助

～並聯式油電混合車～

目前汽車市場已經發表多款油電混合動力車，但是相較於內燃引擎車，油電混合動力車問世未久，相關技術尚屬開發階段，所以驅動系統方面也尚未發展出一套標準，因而存在許多不同的概念與所衍生的系統結構。

綜觀其中，並聯式油電混合動力車算是可以藉由比較單純的結構來實現油電混合動力系統的車種，只要在引擎與變速箱之間配置馬達，透過逆變器／整流器連結充電電池，即可完成油電混合動力系統。在汽車起步或加速等引擎負擔較大的時候，馬達可以輔助引擎。在汽車減速時，馬達又可化身發電機執行再生制動，將再生電力貯存至充電電池。由於馬達位於引擎與變速箱之間，所以也可以作爲起動馬達。例如在汽車起步的時候，系統可以暫時只讓馬達運轉，利用馬達驅動汽車，同時藉由馬達的力量起動引擎，使引擎也可接著驅動汽車。

另外也有驅動輪不共享馬達與引擎兩種動力來源的並聯式油電混合動力系統。例如，前輪的配置方式比照 FF 車，配備引擎、變速箱與差速器；後輪則配置馬達與差速器等作爲專用驅動裝置──如此系統架構可說是具備油電混合動力的四輪驅動車。由於這種結構沒有共享動力傳導裝置的部分，所以可以 FF 爲基礎，利用比較簡單的方式建構油電混合動力系統。在汽車起步或加速時，可以藉由後輪執行再生制動所貯存電力，利用馬達驅動後輪作爲輔助。另外，汽車轉彎時也可利用後輪驅動，以四輪驅動模式行駛，提升安全性能。

■ 圖 1　並聯式油電混合動力車 1

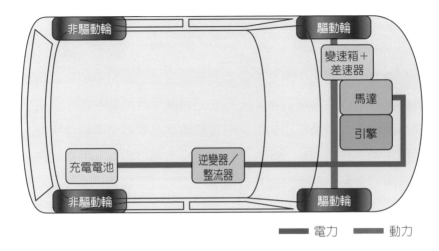

馬達配置於引擎與變速箱之間的並聯式油電混合動力車。在此配置之下，驅動馬達也可作為起動馬達使用。

■ 圖 2　並聯式油電混合動力車 2（4WD）

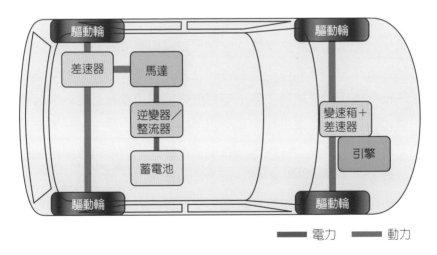

引擎與馬達的驅動裝置獨立配置的並聯式油電混合動力車。以 FF 前置引擎前輪驅動為基礎，以比較簡單的方式化身為油電混合動力車。更可藉由四輪驅動模式提高安全性能。

高效率整合兩種動力的油電混合動力車

～分配式油電混合動力車～

在銷售台數方面，油電混合動力車的主流是結合串聯與並聯兩種模式的「分配式油電混合車」。它配備驅動用馬達與發電用發電機，引擎的迴轉動力必須經由動力分配機構傳送至驅動裝置與發電機。驅動裝置也接受馬達驅動。動力分配機構採用行星齒輪，引擎的迴轉動力可以同時分配至驅動裝置與發電機，也可以單獨傳送至發電機。換句話說，這套系統可以在並聯式（讓引擎的迴轉運動做驅動用途）與串聯式（讓引擎的迴轉運動做發電用途）之間做切換。

有關控制方法，各種概念都有。就現狀而言，汽車從起步開始低速行駛時先使用充電電池所蓄積的電力，採用馬達驅動模式。進入一般行駛狀態以後，系統便會啟動引擎，將引擎的迴轉動力傳送至驅動裝置與發電機雙方，進入引擎驅動與馬達驅動並用模式。當汽車在緊急加速或行駛陡坡時，系統也會使用充電電池所蓄積的電力，加強馬達的輔助效果，以避免引擎效率惡化。當汽車在減速時，系統便執行再生制動，利用馬達發電，將電力貯存至充電電池。在一般停車情況下，系統會停止引擎運轉，但是在充電電池的電量較低時，系統會指示引擎運轉以從事發電工作。即使在一般行駛的狀態下，只要充電電池的電量不足，系統就會指示引擎在不影響效率的範圍內提高能力去從事發電工作，以利充電。

尤其是現在，在充電電池的電容量已經擴大的同時，車廠也開發出可以利用外部充電的插電式油電混合動力車。由於電費較油錢便宜，因此插電式將可較一般油電混合動力車更進一步節省開車的能源費用。

■圖 1　分配式油電混合車

起步時、低速時

使用充電電池的電力，
只利用馬達驅動。

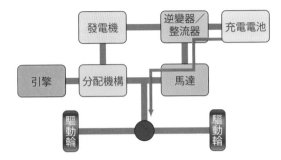

一般行駛時

利用引擎驅動，並且利
用引擎發電產生的電力
驅動馬達。

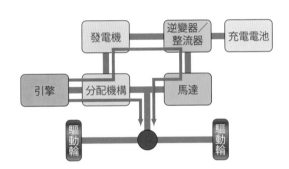

高負荷時

引擎驅動與馬達驅動兩
種驅動模式並用，同時
也使用充電電池的電力
以提高馬達的驅動比
例。

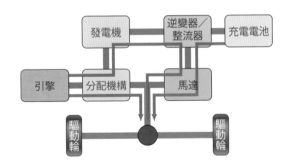

減速時

馬達執行再生制動，將
再生電力貯存至充電電
池。

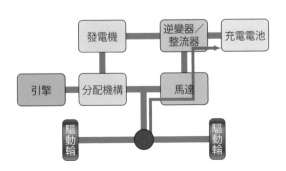

◆ 參考文獻 ◆

『自動車メカニズム図鑑』　出射忠明　（グランプリ出版、1994年）

『続　自動車メカニズム図鑑』　出射忠明　（グランプリ出版、1996年）

『図解　くるま工学入門』　出射忠明　（グランプリ出版、1990年）

『エンジン技術の過去・現在・未来』　瀬名智和　（グランプリ出版、1997年）

『エンジンの科学入門ーガソリンエンジンの基礎原理から最新技術まで』瀬名智和・桂木洋二（グランプリ出版、1997年）

『エンジンはこうなっている（自動車メカ絵解きシリーズ）』　GP企画センター（編）（グランプリ出版、1994年）

『クルマのシャシーはこうなっている（自動車メカ絵解きシリーズ）』　GP企画センター（編）（グランプリ出版、1995年）

『自動車のメカはどうなっているかーエンジン系』　GP企画センター（編）（グランプリ出版、1993年）

『自動車のメカはどうなっているかージャシー・ボディ系』　GP企画センター（編）（グランプリ出版、1992年）

『エンジンの基礎知識と最新メカ』　GP企画センター（編）（グランプリ出版、1999年）

『自動車用語ハンドブック』　GP企画センター（編）（グランプリ出版、1993年）

『小事典・機械のしくみー身近な機械がよくわかる』石橋誠一・岸本哲・吉村靖夫・大島恵夫・岸本行雄（訳）（講談社、1991年）

『・エンジン構造（自動車教科書）』全国自動車整備専門学校協会（編）（全国自動車整備専門学校協会、2005年）

『ジーゼル・エンジン構造（自動車教科書）』全国自動車整備専門学校協会（編）（全国自動車整備専門学校協会、2004年）

『シャシ構造＜1＞（自動車教科書）』全国自動車整備専門学校協会（編）（全国自動車整備専門学校協会、2004年）

『シャシ構造＜2＞（自動車教科書）』全国自動車整備専門学校協会（編）（全国自動車整備専門学校協会、2004年）

『自動車用電装品の構造（自動車教科書）』全国自動車整備専門学校協会（編）（山海堂、1988年）

『自動車の特殊機構（自動車教科書）』全国自動車整備専門学校協会（編）（山海堂、1989年）

『徹底図解　クルマのエンジン』　浦栃重夫（山海堂、1993年）

『絵で見てナットク！　クルマのエンジンースーッと理解できるメカニズム入門書』　浦栃重夫（山海堂、2005年）

『自動車用語辞典』　畠山重信・押川裕昭（編）（山海堂、1980年）

『図解雑学　自動車のしくみ』　水木新平（監）（ナツメ社、2002年）

『図解雑学　自動車のメカニズム』　古川　修（監）（ナツメ社、2007年）

『機械工学用語辞典』　西川兼康・高田勝（監）（理工学社、1996年）

『図解入門　よくわかる最新自動車の基本と仕組み』玉田雅士、藤原敬明（秀和システム、2009年）

『TOYOTAサービススタッフ技術習得書』　（トヨタ自動車サービス部）

◆ 照片提供 ◆

DAIHATSU工業株式會社、MAZDA株式會社、SUZUKI株式會社、TOYOTA自動車株式會社、三菱自動車工業株式會社、日産自動車株式會社、本田技研工業株式會社、富士重工業株式會社（依字母、筆劃排序）

◆ 索 引 ◆

國家圖書館出版品預行編目（CIP）資料

汽車的構造與機械原理：汽車玩家該懂，新手更應該知道的機械原理 / 青山元男作；黃郁婷譯. — 初版. — 臺中市：晨星，2020.08

面；公分. —（知的！；175）

ISBN 978-986-5529-11-6（平裝）

1. 汽車

447.1　　　　　　　　　　　　　　　　　　109006191

知
的
！
175

【暢銷修訂版】

汽車的構造與機械原理：

汽車玩家該懂，新手更應該知道的機械原理

作者	青山元男
譯者	黃郁婷
編輯	李怡儀
封面設計	張蘊方
美術設計	張蘊方

創辦人	陳銘民
發行所	晨星出版有限公司
	407台中市西屯區工業30路1號1樓
	TEL：04-23595820　FAX：04-23550581
	行政院新聞局版台業字第2500號
法律顧問	陳思成律師
初版日期	西元2020年08月01日

歡迎掃描 QR CODE
填線上回函

總經銷	知己圖書股份有限公司
	106台北市大安區辛亥路一段30號9樓
	TEL：02-23672044／23672047　FAX：02-23635741
	407台中市西屯區工業30路1號1樓
	TEL：04-23595819　FAX：04-23595493
	E-mail：service@morningstar.com.tw
	晨星網路書店 http://www.morningstar.com.tw
讀者服務專線	02-23672044、02-23672047
郵政劃撥	15060393（知己圖書股份有限公司）
印刷	上好印刷股份有限公司

定價350元

（缺頁或破損的書，請寄回更換）

Published by MorningStar Publishing Inc.

ISBN 978-986-5529-11-6

Color Zukai de Wakaru Kuruma no Mechanism
Copyright © 2013 Motoh Aoyama
Chinese translation rights in complex characters arranged with
SB Creative Corp., Tokyo
through Japan UNI Agency, Inc., Tokyo and Future View Technology Ltd.
All rights reserved.